电子信息前沿专著系列 · 第二期　　　　"十四五"时期国家重点出版物出版专项规划项目

国家出版基金项目
NATIONAL PUBLICATION FOUNDATION

5G 移动终端多天线技术

● 邓长江　冯正和　著

Multi-antenna Technology for
5G Mobile Terminals

人民邮电出版社
北　京

图书在版编目（CIP）数据

5G 移动终端多天线技术 / 邓长江，冯正和著.
北京 ：人民邮电出版社，2024. --（电子信息前沿专著
系列）. -- ISBN 978-7-115-64742-9

Ⅰ. TN929.5

中国国家版本馆 CIP 数据核字第 20248L0L82 号

内 容 提 要

移动通信的飞速发展驱动着移动终端天线技术的持续创新。本书详细介绍移动终端天线
的基础理论、设计方法和物理形态实现，内容从 5G 移动终端单天线到双天线和多天线，从单
频段到双频段和多频段，从固定单波束到可变多波束，均有涉猎。本书在宽频段小型化天线、
Sub-6 GHz 天线、毫米波相控阵天线方面给出众多的设计实例，可为 5G 移动终端天线设计提
供理论支撑和技术参考。

本书可作为高等院校电子信息工程、通信工程等专业师生的参考书，也可供移动终端天
线研发工程师及无线通信领域的相关从业人员阅读。

◆ 著　　　　邓长江　冯正和

　　责任编辑　郭　家　李天骄

　　责任印制　马振武

◆ 人民邮电出版社出版发行　　北京市丰台区成寿寺路 11 号

　　邮编　100164　　电子邮件　315@ptpress.com.cn

　　网址　https://www.ptpress.com.cn

　　北京九天鸿程印刷有限责任公司印刷

◆ 开本：700×1000　1/16

　　印张：13.25　　　　　　　　2024 年 10 月第 1 版

　　字数：246 千字　　　　　　 2024 年 10 月北京第 1 次印刷

定价：149.00 元

读者服务热线：(010)81055410　印装质量热线：(010)81055316
反盗版热线：(010)81055315
广告经营许可证：京东市监广登字 20170147 号

电子信息前沿专著系列·第二期

学术委员会

主任：郝跃，西安电子科技大学教授，中国科学院院士

委员（以姓氏拼音排序）：

陈建平	上海交通大学
陈景东	西北工业大学
高会军	哈尔滨工业大学
黄庆安	东南大学
纪越峰	北京邮电大学
季向阳	清华大学
吕卫锋	北京航空航天大学
辛建国	北京理工大学
尹建伟	浙江大学
张怀武	电子科技大学
张 兴	北京大学
庄钊文	国防科技大学

秘书长：张春福，西安电子科技大学教授

编辑出版委员会

主任：陈英，中国电子学会副理事长兼秘书长、总部党委书记

　　　张立科，中国工信出版传媒集团有限责任公司副总经理

委员：曹玉红，张春福，王威，荆博，韦毅，贺瑞君，郭家，杨凌，
　　　林舒媛，邓昱洲，顾慧毅

总　序

电子信息科学与技术是现代信息社会的基石，也是科技革命和产业变革的关键，其发展日新月异。近年来，我国电子信息科技和相关产业蓬勃发展，为社会、经济发展和向智能社会升级提供了强有力的支撑，但同时我国仍迫切需要进一步完善电子信息科技自主创新体系，切实提升原始创新能力，努力实现更多"从 0 到 1"的原创性、基础性研究突破。《中华人民共和国国民经济和社会发展第十四个五年规划和 2035 年远景目标纲要》明确提出，要发展壮大新一代信息技术等战略性新兴产业。面向未来，我们亟待在电子信息前沿领域重点发展方向上进行系统化建设，持续推出一批能代表学科前沿与发展趋势，展现关键技术突破的有创见、有影响的高水平学术专著，以推动相关领域的学术交流，促进学科发展，助力科技人才快速成长，建设战略科技领先人才后备军队伍。

为贯彻落实国家"科技强国""人才强国"战略，进一步推动电子信息领域基础研究及技术的进步与创新，引导一线科研工作者树立学术理想、投身国家科技攻关、深入学术研究，人民邮电出版社联合中国电子学会、国务院学位委员会电子科学与技术学科评议组启动了"电子信息前沿青年学者出版工程"，科学评审、选拔优秀青年学者，建设"电子信息前沿专著系列"，计划分批出版约 50 册具有前沿性、开创性、突破性、引领性的原创学术专著，在电子信息领域持续总结、积累创新成果。"电子信息前沿青年学者出版工程"通过设立学术委员会和编辑出版委员会，以严谨的作者评审选拔机制和对作者学术写作的辅导、支持，实现对领域前沿的深刻把握和对未来发展的精准判断，从而保障系列图书的战略高度和前沿性。

"电子信息前沿专著系列"内容面向电子信息领域战略性、基础性、先导性的理论及应用。首期出版的 10 册学术专著，涵盖半导体器件、智能计算与数据分析、通信和信号及频谱技术等主题，包含清华大学、西安电子科技大学、哈尔滨工业大学（深圳）、东南大学、北京理工大学、电子科技大学、吉林大学、南京邮电大学等高等院校国家重点实验室的原创研究成果。

第二期出版的 9 册学术专著，内容覆盖半导体器件、雷达及电磁超表面、无线通信及天线、数据中心光网络、数据存储等重要领域，汇聚了来自清华大学、西安电子科技大学、国防科技大学、空军工程大学、哈尔滨工业大学（深圳）、北京理工大学、北京邮电大学、北京交通大学等高等院校国家重点实验室或军队重点实验室的原创研究成果。

本系列图书的出版不仅体现了传播学术思想、积淀研究成果、指导实践应用等方面的价值，而且对电子信息领域的广大科研工作者具有示范性作用，可为其开展科研工作提供切实可行的参考。

希望本系列图书具有可持续发展的生命力，成为电子信息领域具有举足轻重影响力和开创性的典范，对我国电子信息产业的发展起到积极的促进作用，对加快重要原创成果的传播、助力科研团队建设及人才的培养、推动学科和行业的创新发展都有所助益。同时，我们也希望本系列图书的出版能激发更多科技人才、产业精英投身到我国电子信息产业中，共同推动我国电子信息产业高速、高质量发展。

2024 年 8 月 22 日

前　言

以手机为代表的移动终端是移动互联网时代的主要载体。从 1G 到 5G，移动终端天线的形态发生了巨大变化，从外置到内置，从厚到薄，从单天线到多天线，用于天线设计的净空尺寸也随屏占比的增加而减小。另外，天线的功能越来越强大，宽频段小型化天线、Sub-6 GHz 天线、毫米波相控阵天线相继成为研究热点。5G 移动终端设备的轻薄化、小型化趋势对天线的尺寸、精度等方面提出了更高的要求，从而给移动终端天线的设计带来了巨大挑战，也推动着天线技术不断创新和突破。

5G 移动终端是一个复杂的天线微系统，终端内部布局的天线数量超过 20 个，如何布局、如何实现小型化设计、如何实现解耦、如何调控波束是在天线设计过程中需要解决的问题。模式分析提供了一个直观了解天线工作原理的窗口，多模式协同则是提高天线性能的重要方法。本书以模式为切入点，对单天线、双天线、多天线以及毫米波相控阵天线的模式进行了详细分析，并通过具体的设计实例阐述了多模式协同在带宽扩展、MIMO 天线解耦、阵列波束扫描方面的应用。

本书第 1 章介绍了移动终端天线的发展，从天线结构、频段和数量方面的变化呈现了天线的演进，并以商业手机产品为例，分析了多天线系统的典型工作方式。第 2 章阐述了移动终端天线的基础理论，对天线基本参数、天线模式、典型移动终端天线形式、MIMO 天线解耦原理、相控阵天线波束扫描原理进行了介绍，为后续设计提供理论支撑。第 3 章介绍了 5G 移动终端单天线设计的内容，具体阐述了 Smith 圆图和阻抗匹配方法，介绍了多种单天线的设计实例。第 4 章介绍了 5G 移动终端双天线设计的内容，针对 Sub-3 GHz 频段的解耦需求，介绍了基于特征模的 900 MHz、1800 MHz 频段的双天线设计实例。第 5 章介绍了 5G 移动终端多天线设计的内容，针对 Sub-6 GHz 频段的解耦需求，介绍了基于奇偶模理论的高隔离天线对、覆盖 3300～6000 MHz 频段的天线对、四单元聚合的多天线模块、覆盖 3.5/4.9 GHz 双频段的天线对等设计实例。第 6 章介绍了 5G 移动终端毫米波相控阵天线设计的内容，针对波束扫描需求，提出了双极化端射相控阵天线的小净空、单层介质基板的设计，探讨了双极化贴片相控阵天线、双极化介质棒相控阵天线、串馈波束扫描天线等在端射天线扫描方面的潜力，并分析了 Sub-6 GHz 天线与毫米波天线集成的设计。

本书的绝大部分设计实例来自作者多年的研究积累，在撰写过程中得到诸多国内外同行的大力支持，特此表示衷心感谢！特别感谢加拿大多伦多大学的 Sean Victor Hum 教授和美国密歇根大学的 Kamal Sarabandi 教授在本书撰写过程中给予的指导与帮助！感谢为整理和校对本书辛勤付出的研究生刘娣和朱瑀勃。感谢人民邮电出版社的郭家编辑在本书出版过程中给予的指导与帮助。

本书在撰写过程中广泛汲取了来自华为、荣耀、小米、OPPO、vivo 等业界领先企业的天线工程师的宝贵建议，但在捕捉工业界深层次视角方面尚存探索空间，部分技术阐述距离实际工程应用还有一定距离。由于作者水平和经验有限，本书难免存在不足之处，恳请专家和读者批评指正。

邓长江

2024 年 6 月

目　录

第1章　移动终端天线概述

本章首先介绍移动通信从 1G 到 5G 的发展历程；然后聚焦移动终端天线的演进过程，包括天线结构、天线频段和天线数量的变化，针对 5G 移动终端给出典型的多天线布局方案，系统归纳手机内多天线系统的典型工作方式；最后介绍几款手机天线产品实例。

1.1　移动通信的发展

电磁频谱资源作为独立于空间维度和时间维度的珍贵资源，在近 100 年实现了广泛的开发与应用。麦克斯韦在 1864 年推导出来的麦克斯韦方程组奠定了电磁场理论的基础，赫兹在 1888 年首次用实验证实了电磁波的存在，而马可尼在 1901 年进行的跨大西洋通信开启了通信方式的新纪元[1-2]。自此，无线电技术的发展日新月异，并衍生出通信、导航、遥感等多种应用。这些应用极大地改变了人们的交流与沟通方式，增强了人们认知与改造自然的能力，改变了整个社会的生产与生活方式。在建设信息化社会的进程中，无线电技术仍将为国民经济和社会发展提供重要助力[3]。

总的来说，电磁波有三大用途：一是作为传感器用于信号探测，比如雷达；二是作为信息载体用于传递数据，比如无线通信；三是作为能量载体用于传递能量，比如无线充电。在众多应用中，无线通信无疑是最耀眼的明珠之一。目前，无线通信已经衍生出许多专有的应用场景，比如移动通信、卫星通信等。不同的应用场景具有不同的需求和技术特征。比如，在卫星通信系统中，通信一方是在轨卫星，另一方是地面终端用户。尽管应用场景各不相同，但是它们都可简化为一个点对点通信模型。针对不同的应用场景，需要有针对性地设计发射端和接收端器件，并评估收发之间的无线信道的质量。

1.1.1　移动通信的特点

移动通信是无线通信的主要应用实现。移动通信典型应用场景如图 1-1 所示。移动通信系统包括基站、移动终端和无线信道这 3 部分。每个基站负责一定区域的信号覆盖，相邻基站之间通过频率复用实现服务无缝衔接。移动终端包括手机和平板计算机等便携设备，其中，手机的应用最广泛。当移动终端与基站进行通信时，两者之间就建立了电磁波的传播信道，即无线信道。这 3 部分的特点总结如下。

基站：位置不可移动，用于提供稳定的无线信号覆盖。根据覆盖距离的不同，可分为宏基站、微基站、直放站和室内分布系统等。由于基站位置固定，因此对成本和功耗的要求可适当放宽，侧重高性能的实现。一个基站通过时分复用、频分复用或码分复用等方式可同时服务多个终端用户。

移动终端：位置可任意移动，用于接入移动通信网络，强调机动性和便携性，对成本和功耗有严格限制，对尺寸和重量也有较强约束。在基站覆盖区域内，移动终端与单个基站建立稳定联系。在基站覆盖区域边缘，移动终端可同时接收多个基站发送的信号，一般通过软切换实现跨区服务切换。

无线信道：由于移动终端的位置可任意移动，移动通信系统的无线信道较复杂。电磁波的传播一般分为视线传播和非视线传播。视线传播信道较为简单，与自由空间中的电磁波传播信道类似，只需要考虑大气衰减。非视线传播信道包括反射路径、折射路径、衍射路径等，电磁波经过多条路径到达接收机时会产生信号的叠加或抵消。一般从时变、频率选择性等角度描述无线信道的特征。

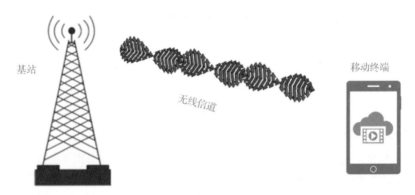

基站　　　　　无线信道　　　　　移动终端

图 1-1　移动通信典型应用场景

由于信道传播环境一般是随时间变化、难以预估的，因此无线信道中的电磁波通常是无法调控的物理量。可重构智能超表面技术提供了一种主动改变信道的新型范式，在未来有较大潜力应用于 6G，但如何充分挖掘其潜能仍有待进一步研究。在绝大部分情况下，能调控的物理量是基站侧和移动终端侧的电磁波。为了高效产生和接收电磁波，同时兼顾移动通信的特点，移动通信系统对基站和移动终端提出了不同的要求，具体的设备特性如表 1-1 所示。为了提高移动终端便携性，选择牺牲移动终端天线性能，而基站的空间较为充裕，可以选择提升基站天线性能来弥补移动终端天线性能下降所造成的损失，进而确保基站与移动终端之间可以建立稳定的无线信道。

表 1-1　移动通信系统的设备特性

设备类型	机动性	功耗	尺寸	性能
基站	无	高	不受限	高
移动终端	高	低	受限	低

1.1.2　移动通信的标准划分

　　移动通信的使命是在全球范围内为人们提供良好的电磁信号覆盖。为了使全世界的移动终端用户都能无感接入移动通信网络，一个统一、通用的全球标准是不可缺少的。这个标准规定了信号的制式、工作频率、调制方式等参数。只要遵守了这个标准，不同品牌的终端都可接入同一个移动网络。这个工作目前由国际电信联盟（International Telecommunication Union，ITU）负责组织和协调。

　　从 20 世纪 80 年代移动通信大规模商用开始至今，移动通信共经历了 5 代标准的演进。每代标准跨度约 10 年，相比上一代均有较大的性能提升。图 1-2 展示了移动通信标准的演进。

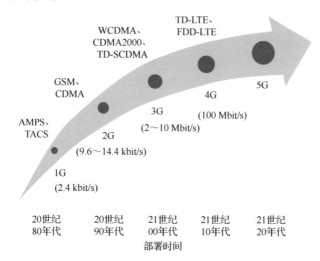

图 1-2　移动通信标准的演进

注：AMPS 为 Advanced Mobile Phone System，高级移动电话系统；
TACS 为 Total Access Communication System，全接入通信系统；
GSM 为 Global System for Mobile Communications，全球移动通信系统；
CDMA 为 Code-Division Multiple Access，码分多址；
WCDMA 为 Wideband CDMA，宽带码分多址；
TD-SCDMA 为 Time Division-Synchronous Code Division Multiple Access，时分同步码分多址；
TD-LTE 为 Time-Division Long Term Evolution，时分长期演进技术；
FDD-LTE 为 Frequency-Division Duplex Long Term Evolution，频分双工长期演进技术。

1G：这一代移动通信主要解决移动通信从无到有的问题，典型代表是模拟蜂窝移动通信系统。主要标准有美国的 AMPS 和欧洲的 TACS，并未形成世界范围内的标准。其中的关键技术是贝尔实验室提出的蜂窝网，它通过将整个网络划分为一个个蜂窝子网络实现了频率复用，大大提高了系统容量。2008 年，美国关闭了 AMPS，这标志着 1G 彻底退出了世界舞台。

2G：针对 1G 暴露出的频谱利用率低、业务种类有限等问题，2G 采用数字通信技术替代模拟通信技术，主要标准有欧洲推出的 GSM 和美国推出的基于 CDMA 的 IS-95（Interim Standard 95，临时标准-95）。2G 主要提供语音服务，兼具短信和彩信收发功能，并首次具备了低速数据传输能力，是世界上第一个实现全球互联的移动通信标准。即便经过了 30 多年的发展，2G 目前仍然是许多国家的主要通信标准之一，表现出了持久的生命力。

3G：在实现了语音服务之后，新的需求是在线浏览图片和文字等数据传输速率更快的互联网服务。3G 的主要标准包括欧洲提出的 WCDMA、美国提出的 CDMA2000 和我国提出的 TD-SCDMA。3G 实现了移动通信和互联网的融合，具备无线上网功能以及更灵活的组网能力。然而，由于各个国家的标准不统一，且传输速率提升有限，无法满足多媒体的高速数据传输需求，3G 在许多国家只是过渡性的标准，并未大规模推广。

4G：为了提供高速数据传输服务，结束多个同代制式相争的混乱局面，4G 只有一个 LTE（Long Term Evolution，长期演进技术）标准，用于统一制定各种接口。相比 3G，4G 在许多方面都有相当大的改进。4G 的核心网从电路域全面转向了 IP（Internet Protocol，互联网协议）域，管理更加扁平化，无线频谱利用率得到了极大提升，以满足高速数据传输需求。4G 网络不仅可以传输图片，而且具备视频实时传输能力，是当今世界的主流移动通信网络，也是移动互联网快速发展的基石。

5G：为了满足高速率、低时延和海量连接等多样化需求，5G 的发展方向和场景更加多元化，它不仅要实现人与人之间的高速数据传输，还要满足人与物、物与物之间的高效通信。目前，5G 在全世界已实现大规模商用，未来，它将在物联网、车联网、智慧医疗、智慧工厂、虚拟现实等多个领域取得突破，是目前正在推广的标准。

1.2 移动终端天线的演进

在移动通信系统中，天线是负责电磁波收发的核心器件，是连接有线电路与无线电波的桥梁，它的表现直接影响整个无线通信系统的性能。根据广泛采用的学术定义，天线是一种附有导行波与自由空间波互相转换区域的结构[4]。这个定义表明天线是一种转换器件。天线的参数可以细分为两类：一类是电路特性参数，包括输入阻抗、驻波比、带宽等；另一类是辐射特性参数，包括增益、极化、波束宽度等。不同的需求和应用场景对天线参数的要求不尽相同，如移动通信系统侧重信号的空间覆盖，卫星通信系统侧重无线链路的可靠性，雷达系统则对天线的波束指向和副瓣非常敏感。这些需求和应用场景促进了天线形式的多样化发展，也推动着天线技术不断改进与创新。

移动通信系统中的天线可分为基站天线和移动终端天线两类。从 1G 到 5G，这两类天线的形态和功能都发生了巨大的变化，以更好地满足移动通信的发展需求。需要说明的是，由于本书不涉及基站天线设计，相关内容不做展开。移动终端包括多种形式，如便携设备、嵌入式设备和可穿戴设备等。在本书中，如没有特别说明，移动终端均指手机，移动终端天线均指手机天线。本节将从天线的结构、频段和数量 3 个维度呈现手机这一典型移动终端的天线演进历程。

1.2.1　天线结构的变化

手机是日常生活中使用频率最高的电子设备之一。从 1G 到 5G，手机天线的发展大致可划分为 3 个阶段，分别是外置天线阶段、内置天线阶段和共形天线阶段。图 1-3 展示了过去 40 年手机外观和尺寸的变化，从中可以了解手机天线的演进历程。从尺寸上看，手机经历了由大到小、再由小变大的变化过程，而且手机屏幕呈现出从无到有，屏幕占比越来越大，甚至发展为全面屏的趋势；从天线结构上看，手机天线从外置发展为内置、厚度由厚变薄。另外，对天线来说，屏幕可视为金属地板，天线通常需要远离金属地板才可以有效辐射电磁波。屏幕占比越大，可用于天线设计的净空（手机内的非金属区域）越小，天线设计遇到的挑战越大。

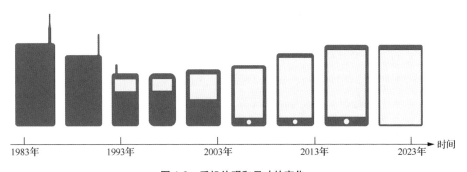

图 1-3　手机外观和尺寸的变化

外置天线主要用于 1G 时代和 2G 时代早期。在那时，手机主要作为一种实用的通信工具，对其外形和尺寸没有特别的要求，典型的代表是 20 世纪 90 年代的手提电话（俗称"大哥大"）。外置天线的种类繁多，包括单极子天线、袖套天线、螺旋天线等[5]。摩托罗拉公司于 1983 年推出了世界上首部商用手机 DynaTAC 8000X，这款手机的天线采用外置的单极子天线形式，天线的长度为四分之一波长（指工作波长）。

从 2G 时代中后期开始，人们希望能够去掉外置天线，以提升手机的便携性和可靠性，手机天线逐步演进成内置天线。将手机天线从外置改为内置，不仅可以让整个设备的外形更美观，还可以降低因手机意外跌落或磕碰导致天线损坏的概率，提高结构的可靠性。然而，将天线尺寸减小并塞入手机内部，将导致天线性能的下降。不过这种代价对整个移动通信系统来说是可承受的——从 2G 时代起，世界范围内的移动通信网络建设越来越完善，基站数量越来越多，分布越来越密集，基站天线的性能越来越强，这些措施足以弥补移动终端天线性能下降所产生的损失。

内置天线的形式有较多选择，包括印刷单极子天线、IFA（Inverted-F Antenna，倒 F 天线）、PIFA（Planar Inverted-F Antenna，平面倒 F 天线）、槽天线、环天线等。诺基亚公司在 2003 年推出了流行功能型手机 2100，手机天线采用了 PIFA 形式，天线置于手机的顶部。由于有外壳遮盖，已经无法看出天线的外观和尺寸。

随着人们对手机外观的要求越来越高，手机厚度越来越薄，屏幕越来越大，导致可用于天线设计的净空越来越小，手机天线朝着与机体共形的方向发展。统一规划天线设计与手机结构成为趋势，手机的金属边框和金属后盖作为天线的一部分，统一进行集成设计。新材料、新工艺使得手机天线具有更高的设计自由度。苹果公司推出的 iPhone 4 智能手机使用了金属边框作为手机天线，不仅机械强度高，而且外形美观。值得一提的是，这是金属边框首次用于天线设计，引领了手机天线的设计潮流，自此，金属边框成为手机天线的主辐射体。

1.2.2 天线频段的变化

随着人们的需求从低速率的语音通信升级到高速率的视频通信，移动通信的传输速率越来越高。根据香农公式，增大频谱带宽是提升信道容量和传输速率的重要方式。从 1G 到 5G，每代标准都会划分一些新的移动通信频谱，以满足移动通信的发展需求。为了便于区分各频段，ITU 指导下的 3GPP（3rd Generation Partnership Project，第三代合作伙伴计划）组织将移动通信的频率分为 FR1（450～6000 MHz）和 FR2（24.25～52.6 GHz）这两个频段，即我们熟悉的 Sub-6 GHz 频段和毫米波频段。基于不同业务或运营商，每个频段又可细分为若干个窄带的频段，具体的主要频段划分如表 1-2 和表 1-3 所示。

表 1-2　FR1 的主要频段划分

频段号	上行频段（发射，MHz）	下行频段（接收，MHz）	双工模式
N1	1920～1980	2110～2170	FDD
N2	1850～1910	1930～1990	FDD
N3	1710～1785	1805～1880	FDD
N5	824～849	869～894	FDD
N7	2500～2570	2620～2690	FDD
N8	880～915	925～960	FDD
N20	832～862	791～821	FDD
N28	703～748	758～803	FDD
N38	2570～2620	2570～2620	TDD
N41	2496～2690	2496～2690	TDD
N50	1432～1517	1432～1517	TDD
N51	1427～1432	1427～1432	TDD
N66	1710～1780	2110～2200	FDD
N70	1695～1710	1995～2020	FDD
N77	3300～4200	3300～4200	TDD
N78	3300～3800	3300～3800	TDD
N79	4400～5000	4400～5000	TDD
N80	1710～1785	—	SUL
N81	880～915	—	SUL
N82	832～862	—	SUL

注：SUL 为 Supplementary Uplink，补充上行链路。

表 1-3　FR2 的主要频段划分

频段号	上行频段（发射，GHz）	下行频段（接收，GHz）	双工模式
N257	26.5～29.5	26.5～29.5	TDD
N258	24.25～27.5	24.25～27.5	TDD
N260	37～40	37～40	TDD

在表 1-2 中，FDD（Frequency-Division Duplex，频分双工）的上下行通过频率区分，TDD（Time-Division Duplex，时分双工）的上下行通过时隙区分。在 3GPP 组织成立前，欧洲国家和美国各自划分频段。到了 4G 时代，3GPP 组织统一命名通信频段，称之为 LTE 频段，包括 LTE700、LTE2300 等。然而，由于各国划分的 LTE 频段不一致，3GPP 组织在定义 LTE 频段时无法像 GSM 频段一样较为规整，所以只能定义 LTE 支持的频段列表，供各国的运营商、通信设备制造商等参考。到了 5G 时代，3GPP 组织统一用 N 来标识各个频段，国内运营商一般习惯用 B 来标识频段，比如中国移动支持 B41 频段等。

对于手机天线设计来说，并不需要区分上行或下行以及发射或接收等，只需要确定手机天线需要覆盖多大的带宽和哪些频段。FR1 和 FR2 频段可粗略地分为 4 个频段，即 698～960 MHz（低频段）、1710～2690 MHz（中高频段）、3300～6000 MHz（高频段）以及 24.25～29.5 GHz（毫米波频段）。手机天线的设计目标是在尽量小的净空内覆盖这些频段的一部分或全部频段，并且使得辐射效率尽可能高。

1.2.3 天线数量的变化

从 1G 到 5G，虽然天线在手机整机中的总尺寸在减小，但手机内的天线数量在快速增加，这主要由以下 3 个方面的需求推动。

第一个方面是频段的增加。2G 时代的频段包括 824～960 MHz 和 1710～2170 MHz 这两个频段，单个天线即可覆盖。而 5G 标准在兼容 2G 标准的基础上，增加了 3300～6000 MHz 频段，单个天线难以覆盖如此宽的频段。为了解决这个问题，可根据实际应用场景使用多个天线分别覆盖不同的频段。

第二个方面是新技术的应用。考虑到无线频谱是一种昂贵而有限的资源，单纯依靠增加频段来提升传输速率的方式受到越来越多的制约。在频段固定不变的条件下，从 2G 时代开始，一些新的技术被引入移动通信，典型的技术有多输入多输出（Multiple-Input Multiple-Output，MIMO）技术和相控阵技术。使用这些技术可以在基站和移动终端同时布置多个天线，通过增加空间维度的复杂度来提高频谱利用率。

第三个方面是多种功能的集成。随着用户需求的变化，手机已经从功能机时代迈入了智能机时代，成为一个智能集成多功能便携式平台。手机不仅具有通信这一功能，还具有拍照、游戏、导航等功能。不同的功能可能需要不同类型的天线，而且其对应的工作频段不相同，这使得天线数量进一步增加。

1.3 手机内多天线布局

一部手机可以视作一个微系统，集成了具有多种用途的模块。以无线传输这一用途为例，根据功能的不同，需要用到天线的模块包括移动蜂窝通信模块、Wi-Fi（Wireless Fidelity，无线保真）模块、蓝牙模块、卫星导航模块、近场通信（Near Field Communication，NFC）模块、无线充电模块等。下面简单介绍这些模块。

移动蜂窝通信模块是手机天线设计中最复杂的模块，用于与基站建立通信。从 1G 到 5G，移动蜂窝通信模块的天线需要支持的频段越来越宽，天线的数量也越来越多。手机内用于蜂窝通信的天线数量为 6～14 个。

Wi-Fi 模块用于室内局域网，与无线路由器建立通信。Wi-Fi 标准目前演进到了第 7 代，即 IEEE 802.11be，工作频段是无须授权的工业频段，主要包括 2.4 GHz

频段和 5 GHz 频段。其中，2.4 GHz 频段的频率范围是 2.4～2.497 GHz，5 GHz 频段的频率范围是 5.15～5.85 GHz。由于工作频率较高、通信距离较短，Wi-Fi 模块的天线数量较少。

蓝牙模块用于低成本、低功耗的近距离无线连接。蓝牙技术目前演进到了 5.4 版本。不同便携设备使用的蓝牙模块的工作频率有所区别，手机内蓝牙模块的工作频段是 2.4 GHz 频段。这个频段的蓝牙模块与 Wi-Fi 模块不仅共用同一个频段，还经常共用一个天线以节省天线空间。

卫星导航模块用于接收卫星信号，实现用户位置的实时定位。该模块的主流标准有美国的 GPS（Global Positioning System，全球定位系统）[工作在 1575.42 MHz 频段（L1）和 1176.45 MHz 频段（L5）]、欧洲的"伽利略"系统（工作在 1575.42 MHz 频段）、俄罗斯的格洛纳斯系统（工作在 1602 MHz 频段），以及我国的北斗卫星导航系统（工作在 1561 MHz 频段）。由于卫星导航模块具有小带宽，而且一般只需具备接收能力，因此卫星导航模块的天线设计较为简单。随着手机直连卫星应用的兴起，更多的频段将被用于卫星通信。

近场通信模块用于超近距离非接触通信。最初由诺基亚和飞利浦等企业共同制定近场通信模块的标准，该模块工作在 13.56 MHz 频段。由于这个频段的波长非常长，手机内的近场通信天线属于电小尺寸天线，辐射能力非常弱，能够通过磁场感应实现电子支付、身份认证、数据交换、防伪等多种功能。

无线充电模块用于实现手机的无线充电功能。该模块的主流标准有 Qi 标准、PMA（Physical Medium Attachment，物理媒体连接）标准等。其中，Qi 标准基于电磁感应原理，电磁波频率为 100～205 kHz，适用于短距离的无线充电，其特点是兼容性强且传输效率高。目前市面上大部分无线充电产品都采用这一标准，该标准也是大众最熟悉的无线充电标准。

将这些模块组合在一起，便构成了一个多天线系统。手机内多天线的典型布局方案如图 1-4 所示。众多天线分布在手机平台内部各个位置。在这个典型的布局方案中，用于移动通信的众多天线主要分布在金属边框上，通过设置断点来有效辐射能量。其中，低频段天线的数量为 2 个，分别放置于手机的底部和侧壁；中高频段与新空口天线的数量为 4 个，分别放置于金属边框的 4 条边上；Wi-Fi 天线的数量为 2 个，放置于手机的左上角；GPS 天线的数量为 1 个，放置于手机的顶部；毫米波天线的数量为 3 个，放置于手机后盖内侧；超宽带天线的数量为 3 个，放置于手机后盖内侧；近场通信天线与无线充电线圈同样放置于手机后盖内侧。可见，这个典型布局方案中包含至少 17 个天线。目前移动通信已经演进到了 5G 时代，移动通信的工作频率更高、功能更广泛，手机内的移动蜂窝通信模块需要部署多个天线，才能实现高速无线数据传输和多功能应用。

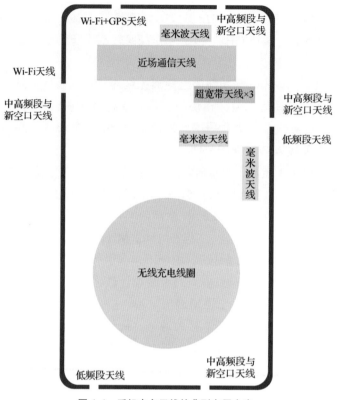

图 1-4　手机内多天线的典型布局方案

在这些功能模块中，Wi-Fi 模块的天线与蓝牙模块的天线可共用，卫星导航模块的工作频段极窄，用一个小尺寸天线即可覆盖。因此，手机天线的设计难点在于覆盖移动蜂窝通信频段。基于此，本书主要介绍移动蜂窝通信模块中的天线设计。

1.4　多天线系统的典型工作方式

手机内的多个天线模块具有独立的功能，能够互不干扰地工作。对多天线系统来说，每种类型的天线在手机内的相对位置和净空大小基本固定。考虑到 Wi-Fi 模块、蓝牙模块、卫星导航模块、近场通信模块和无线充电模块的天线设计方案较为成熟，本节重点介绍用于 4G/5G 移动蜂窝通信模块的多天线系统的典型工作方式。

对于手机内移动蜂窝通信模块的多天线，根据频段不同可以将它们划分为 3组独立工作的天线：第一组是覆盖 698～960 MHz（低频段）和 1710～2690 MHz（中高频段）的天线，第二组是覆盖 3300～6000 MHz（高频段）的天线，第三组是覆盖 24.25～29.5 GHz（毫米波频段）的天线。每一组天线都包含若干个天线，根据工作方式不同，同一组内的多个天线可以分为两类：一类是按照 MIMO 机制工作的多天线系统，另一类是按照相控阵机制工作的多天线系统。具体来说，第一组天线和第二组天线按照 MIMO 机制工作，第三组天线按照相控阵机制工作。

MIMO 技术是近几十年来移动通信领域的重要技术之一，手机多天线与基站多天线构成的 MIMO 通信系统的工作原理如图 1-5 所示。和早期的单输入单输出系统相比，MIMO 通信系统通过在基站端与手机端布置多个天线，使信道容量成倍增加，优势是不会占用更多频谱资源，也不需要增加天线发射功率。除此之外，5G 相比 4G 新增了一些频段，这些频段的工作频率较高，对应天线单元的体积较小，便于在一个设备上实现 MIMO 天线的集成设计。

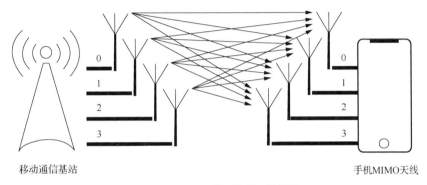

图 1-5　MIMO 通信系统的工作原理

然而，在手机天线中应用 MIMO 技术提升传输速率时需要克服一系列的技术难点。例如，由于手机内部空间有限，采用 MIMO 技术后工作在同一频段的天线数量增加，导致天线单元的距离过近，通常会引起较强的耦合，不仅难以起到增加信道容量的作用，甚至还可能影响天线的辐射效率。因而需要采用解耦方法降低天线单元间的耦合强度。此外，天线的小型化和宽频化始终是手机设计中追求的目标，而 5G 低频段天线的尺寸会比 5G 高频段天线的尺寸大得多，这也是在低频段使用 MIMO 技术需要克服的难题。

考虑到传统移动通信频段集中在 6 GHz 以下，已经非常拥挤，5G 在传统频段基础上新开辟了毫米波频段，进一步提升无线传输速率。毫米波有一系列独特的性质，它既具有可用频段宽、毫米波器件尺寸小、波束指向性好等优点，也存在路径损耗大、毫米波器件输出功率小等缺点。如何利用毫米波的优点并弥补其缺点，激发了众多研究人员的研究兴趣。

相控阵技术是克服路径损耗大这一缺点的有效手段，在雷达系统中已经得到了广泛的应用，可在提升天线增益的同时实现大空域的动态覆盖。相控阵技术是指将多个相同形式的天线按照一定规则均匀排列成线性阵列或平面阵列，并为每个天线单元配备移相器来实时改变天线单元的馈电相位，具有不同相位的电磁波在空间中进行矢量叠加，使得合成后的信号强度增强或减弱，从而产生特定指向的高增益波束。由于每个天线单元是通过电控相位的方式切换波束的，故而将这样的天线命名为相控阵天线。相控阵技术具有功耗高、成本高、复杂度高等问题，早期并未应用到移动通信领域。随着高传输速率需求的增加、收发组件成本的下降以及毫米波频段的商用，5G 开始引入相控阵技术，通过封装天线（Antenna-in-Package，AiP）的形式实现高度集成。

在 5G 的典型场景中，基站端布设有大规模的天线，可根据用户数量和位置，产生相应数量的波束和波束指向。移动终端天线具有波束扫描能力，能够根据终端的位置和姿态实时调整波束指向，如图 1-6 所示。天线作为波束调控的关键部件，在 5G 移动通信系统中扮演核心器件的角色。尽管毫米波频段的天线标准尚未完全敲定，但业界已经在 5G 毫米波天线方面达成了一些共识[6-7]。用于 5G 移动终端的毫米波天线需具有 3 个基本特征：高的增益、宽的波束扫描角和低的成本。毫米波的路径损耗大，在发射功率受限的条件下，要建立稳定的通信链路，5G 移动终端的毫米波天线需具有高增益。增益的提高意味着波束宽度变窄，波束的覆盖范围变小。为了减小信号盲区，天线需具备波束扫描能力，以便动态调整波束指向。此外，终端天线是大规模使用的消费电子器件，任何成本的缩减都将带来可观的经济效益。因此，可宽角扫描的低成本毫米波天线对 5G 移动终端天线设计来说具有巨大吸引力。

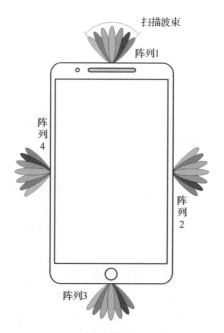

图 1-6　手机使用相控阵模块实现空间信号覆盖

1.5　工业界的手机产品实例

手机作为一种人们日常生活和生产中广泛使用的消费电子产品，其市场规模巨大，吸引了众多企业在这个领域开展投资和研发。天线作为手机内最关键的部件之一，在研发过程中受到了极大的重视。在移动通信标准的演进过程中，全世界涌现出了许多优秀的手机企业，产生了众多新颖的天线设计方案。根据分工不同，工业界从事手机天线研发的机构主要分为两种：一种是整机厂商；另一种是专业手机天线厂商。整机厂商的旗舰机往往代表了当前手机天线设计的最高水平。接下来介绍一些具有影响力的整机厂商。

摩托罗拉公司在移动通信的早期阶段扮演着举足轻重的角色，研发了一系列高性能的外置天线。然而，在移动通信发展的过程中，摩托罗拉手机业务在竞争中逐渐落后。

诺基亚公司是功能机时代的标杆企业，该公司在 2G 时代研制了多款畅销世界的手机产品，这些产品均采用内置天线方案。令人惋惜的是，诺基亚在手机从功能机转向智能机的过程中逐渐没落。

苹果公司是智能机时代的标杆企业，从 2007 年推出第一部智能手机开始，该公司迅速占领了巨大市场份额，至今仍是手机企业中的翘楚。苹果公司在手机天线领域进行了许多创新，率先推出了金属边框天线、分段式金属后盖天线等，引领了手机天线业务的发展。

从 4G 时代开始，国内的手机企业迅速成长，在手机从功能机向智能机的转变过程中抓住了机会，在手机市场中开始占据主导地位。目前，国内手机企业在全球的市场份额在 50%左右，取得了巨大的成绩。有代表性的手机企业包括华为、荣耀、小米、OPPO、vivo 等，这些企业在手机天线领域开展了深入研究，拥有广泛的专利布局。

图 1-7 所示是苹果公司推出的某型号手机天线布局。整个金属边框分为 4 个象限，分别为右上角的第一象限、左上角的第二象限、左下角的第三象限以及右下角的第四象限。天线序号的命名规则可基于象限逆时针编号，比如 Ant11 表示第一象限的第一个天线。从图 1-7 可知，该型号手机的金属边框共有 6 处断点，左右两侧断点呈现镜像对称，上下两侧断点呈现旋转对称。工作在 5 GHz 频段的 Wi-Fi 天线是第一象限的第一个天线，第二个天线由低中高频段（LMHB）天线和 GPS 的 L1 频段天线共用；第二象限的第一个天线为中高频段（MHB）天线、N77/N79 频段（5G 新频段）天线以及工作在 2.4 GHz 频段的 Wi-Fi 天线，第二个天线为 GPS 的 L5 频段天线；第三象限的第一个天线为 5G 新频段天线，第二个天

线为低中高频段天线；第四象限的第一个天线为中高频段天线和工作在 2.4 GHz 频段的 Wi-Fi 天线，第二个天线为 5G 新频段天线。从这个天线布局可看出，天线的排布较为简洁，同频段大多布设有两个天线用于实现 MIMO 功能。

天线名称	天线位置
Wi-Fi_5G Ant1	11#
LMHB+GPS_L1	12#
MHB+N77/N79+Wi-Fi_2.4G Ant1	21#
GPS_L5	22#
N77/N79	31#
LMHB	32#
MHB+Wi-Fi_2.4G Ant2	41#
N77/N79	42#

图 1-7　苹果公司推出的某型号手机天线布局

图 1-8 所示是华为公司推出的某型号手机天线布局。从图 1-8 可知，该型号手机的金属边框共有 7 处断点。整个金属边框同样分为 4 个象限。第一象限的第一个天线覆盖中高频段和 N78/N41 频段，第二个天线覆盖低频段（LB），第三个天线覆盖中高频段和 N78/N41 频段，第四个天线覆盖 Wi-Fi 天线的 5 GHz 频段；第二象限的第一个天线覆盖 GPS 天线的 L5 频段，第二个天线覆盖 Wi-Fi 的 5 GHz 频段和 N78 频段，第三个天线覆盖 GPS 天线的 L1 频段、Wi-Fi 天线的 2.4 GHz 频段以及 B1/B3/B39 频段，第四个天线覆盖 N78/N41 频段以及 B38/B40/B41 频段，第五个天线覆盖 Wi-Fi 天线的 2.4 GHz 频段和 N41 频段；第三象限只有一个天线，用于覆盖低频段；第四象限也只有一个天线，用于覆盖中高频段。从这个天线布局可看出，整个金属边框包括 11 个天线，第一象限和第二象限的利用率较高，分别布设有 4 个和 5 个天线。

图 1-9 所示是 vivo 公司推出的某型号手机天线布局。从图 1-9 可知，该型号手机的金属边框共有 7 处断点。第一象限包含 3 个天线，分别是低频段天线、中高频段和 5G 新频段天线、中高频段天线；第二象限包含 3 个天线，分别是 Wi-Fi 天线和 GPS 天线、Wi-Fi 天线、中高频段和 5G 新频段天线；第三象限包含 1 个中高频段天线；第四象限包含 1 个低频段天线。此外，在后盖内侧还布设有 2 个 5G 新频段天线，用于提供更多 MIMO 通道。

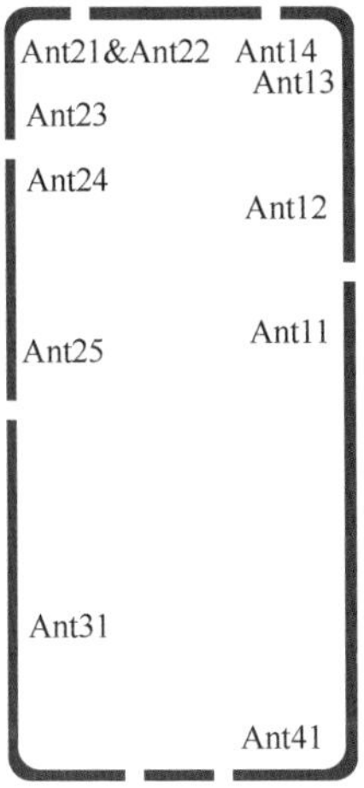

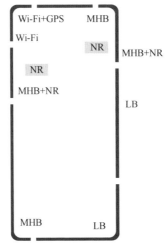

天线名称	天线位置
MHB+N78/N41	11#
LB	12#
MHB+N78/N41	13#
Wi-Fi_5G	14#
GPS_L5	21#
Wi-Fi_5G+N78_DRK	22#
GPS_L1+Wi-Fi_2.4G+B1/B3/B39	23#
N78/N41+B38/B40/B41	24#
Wi-Fi_2.4G+N41_DRK	25#
LB	31#
MHB	41#

图 1-8　华为公司推出的某型号手机天线布局

图 1-9　vivo 公司推出的某型号手机天线布局

参考文献

[1]　RAMSAY J. Highlights of antenna history[J]. IEEE Communications Magazine, 1981, 19(5): 4-8.

[2]　BALANIS C A. Antenna theory: a review[J]. Proceedings of the IEEE, 2002, 80(1): 7-23.

[3]　张洋，邢峰，陆承杰. 无线通信技术的发展与展望[J]. 硅谷，2010 (23): 1.

[4]   KRAUS J D, MARHEFKA R J. 天线[M]. 3 版. 章文勋，译. 北京：电子工业出
       版社，2006.

[5]   ZHANG Z. Antenna design for mobile devices[M]. Hoboken: John Wiley & Sons,
       2017.

[6]   ZHANG J, GE X, LI Q, et al. 5G millimeter-wave antenna array: design and
       challenges[J]. IEEE Wireless Communications, 2017, 24(2): 106-112.

[7]   HONG W, BAEK K H, KO S. Millimeter-wave 5G antennas for smartphones:
       overview and experimental demonstration[J]. IEEE Transactions on Antennas and
       Propagation, 2017, 65(12): 6250-6261.

第2章　移动终端天线的基础理论

本章将介绍移动终端天线的基础理论，包括天线基本参数、天线模式、典型移动终端天线形式、MIMO 天线解耦原理、相控阵天线波束扫描原理等，为移动终端天线设计提供理论依据。

2.1　天线基本参数

天线是电磁波的收发装置，天线基本参数设置直接影响整个无线通信系统的性能。图 2-1 所示是一个典型无线通信系统的射频前端组成，包括天线、传输线、双工器、低噪声放大器（简称"低噪放"）和功率放大器（简称"功放"）等模块。从无线通信链路可知，天线是连接自由空间与有线电路的桥梁[1]。天线的一端通过传输线与射频微波电路相连，处理对象是电压和电流信号；另一端与自由空间相连，处理对象是电场和磁场信号。相应地，天线基本参数可分为两类：一类是与电路相关的电路特性参数；另一类是与自由空间相关的辐射特性参数。此外，在工程应用中还需要考虑天线特有参数。

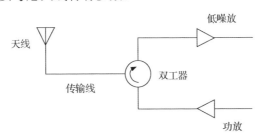

图 2-1　典型无线通信系统的射频前端组成

电路特性参数用于衡量传输线与天线的匹配程度，即天线从传输线接收了多少能量用于发射或传递给了传输线多少能量用于接收。具体参数包括反射系数、回波损耗、电压驻波比、频带、端口耦合系数、端口隔离度、输入阻抗、特性阻抗、三阶互调、功率容量等。

辐射特性参数用于衡量天线与自由空间的匹配程度，即天线与自由空间的能量交换关系；还用于衡量天线在三维空间中的波束形状。利用辐射方向图衡量天线在三维空间中的波束形状，具体参数包括增益、辐射效率、波束指向、波束宽度、主瓣、副瓣、背瓣、极化、口面效率、前后比等。

2.1.1 电路特性参数

对移动终端天线来说，比较常用的电路特性参数有反射系数、回波损耗、电压驻波比、频带、端口耦合系数以及端口隔离度。

反射系数用于衡量反射波能量与入射波能量的比值。如图 2-2 所示，当天线和传输线不匹配时，即天线阻抗不等于传输线特性阻抗时，天线不能将传输线上传输的高频能量全部吸收，只能吸收部分能量，入射波的一部分能量反射回传输线形成反射波。反射波电压 $V_{反射}$ 与入射波电压 $V_{入射}$ 的比值称为反射系数 Γ，可用式（2-1）表示。

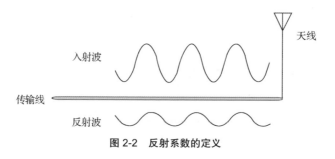

图 2-2　反射系数的定义

$$\Gamma = \frac{V_{反射}}{V_{入射}} \tag{2-1}$$

在微波网络理论中，一般用 S 参数来描述微波器件的性能。对于单端口的天线来说，反射系数与 S_{11}（端口 1 的反射系数）等价，均表示一个既包含振幅又包含相位的复数。S_{11} 的振幅通常采用对数的形式表示：

$$S_{11}(\mathrm{dB}) = 20\lg(|S_{11}|) = 20\lg(|\Gamma|) \tag{2-2}$$

注意，这里取的是 20lg()，而不是 10lg()，原因是 $S_{11}(\mathrm{dB})$ 被用来描述反射功率与入射功率的比值，而不是反射波电压和入射波电压的比值，功率与电压的平方成正比。$S_{11}(\mathrm{dB})$ 是一个实数，不是一个复数。

回波损耗表示 $S_{11}(\mathrm{dB})$ 的绝对值。由于无源天线的反射系数恒小于 1，因此 $S_{11}(\mathrm{dB})$ 始终是一个负值，而回波损耗始终是一个正值。

电压驻波比（Voltage Standing Wave Ratio，VSWR）用于衡量传输线上沿传输路径的能量分布。一般情况下，传输线上既存在入射波，也存在反射波。传输线与天线不会完全匹配，传输线所处的状态不是单纯的行波状态，而是同时包括行波和驻波的行驻波状态，甚至是纯驻波状态。VSWR 表示传输线上相邻的波腹电

压 $V_{波腹}$ 的绝对值与波节电压 $V_{波节}$ 的绝对值的比值，可定量表示传输线的不同状态：

$$\text{VSWR} = \left| \frac{V_{波腹}}{V_{波节}} \right| \tag{2-3}$$

当 VSWR=1 时，传输线处于行波状态；当 VSWR 为+∞时，传输线处于纯驻波状态；当 VSWR 介于这两者之间时，传输线处于行驻波状态。

VSWR 与反射系数之间可相互转换，两者的转换关系为：

$$\text{VSWR} = \left| \frac{V_{波腹}}{V_{波节}} \right| = \frac{\left| V_{入射} \right| + \left| V_{反射} \right|}{\left| V_{入射} \right| - \left| V_{反射} \right|} = \frac{1 + \left| \varGamma \right|}{1 - \left| \varGamma \right|} \tag{2-4}$$

反射系数、回波损耗、VSWR 均可用于定量衡量传输线与天线之间的不匹配程度，在实际使用中可根据个人习惯选择。相关参数的转换关系如表 2-1 所示。

表 2-1　反射系数、回波损耗、VSWR 等相关参数的转换关系

VSWR	回波损耗（dB）	反射系数（dB）	反射功率（%）	反射损耗（dB）
5.0	3.5	-3.5	44.4	2.55
4.0	4.4	-4.4	36.0	1.94
3.0	6.0	-6.0	25.0	1.25
2.0	9.5	-9.5	11.1	0.51
1.5	14.0	-14.0	4.0	0.18
1.2	20.8	-20.8	0.8	0.04
1.1	26.4	-26.4	0.2	0.01

同一个参数在不同的应用中会有不同的指标规定。比如，移动终端追求天线小型化，只要求 VSWR 在 3.0 以内即可，对应的反射系数是-6.0 dB，这意味着 25.0%的功率被反射回传输线；大多数无线通信系统应用要求 VSWR 在 2.0 以内，对应的反射系数是-9.5 dB，这意味着 11.1%的功率被反射回传输线；基站侧重天线性能的提升，要求 VSWR 在 1.5 以内，对应的反射系数是-14.0 dB，这意味着仅有4.0%的功率被反射回传输线。

频率带宽（Frequency Bandwidth），又称频带，指的是天线的某个性能参数符合规定标准时所处的频率范围。天线的性能一般会随着频率的改变而改变，工程上需要定义天线的频带，在这个频带内的天线性能应符合规定的标准。选择不同的参数可定义不同类型的带宽，大多数的应用用反射系数或 VSWR 参数定义带宽，即，在特定的频段内反射系数或 VSWR 小于规定的数值。对于一些高增益天线，例如抛物面天线，通常以增益参数定义带宽，典型的有 1 dB 或 3 dB 增益带宽。

天线带宽有 3 种常用的表示方法，分别是绝对带宽、相对带宽和比值带宽，它们从不同方面揭示带宽性能。

- 绝对带宽：天线实际工作的频率范围，即上下限频率之差。
- 相对带宽：上下限频率之差与中心频率之比。
- 比值带宽：上下限频率之比。

移动通信的工作频率被严格限定了范围，故一般采用绝对带宽的定义。如果需要揭示天线的辐射能力，可采用相对带宽的定义。对于超宽带应用，采用比值带宽的定义更形象。图 2-3 所示为某一个天线的反射系数与频率的关系。这里以-6 dB 反射系数或 VSWR=3 为标准定义天线的带宽。从图 2-3 可知，该天线的绝对带宽约为 260 MHz（680～940 MHz），相对带宽约为 32.1%，比值带宽约为 1.38。

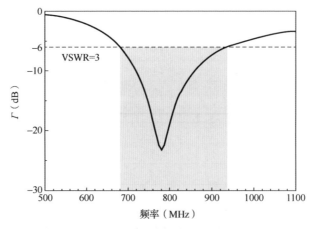

图 2-3　某一个天线的反射系数与频率的关系

端口耦合系数指的是多个馈电端口之间能量的耦合程度。多个天线具有多个馈电端口，同一个天线也可能有多个馈电端口，这些馈电端口之间存在能量的耦合。根据微波网络理论，N 个馈电端口可构成 $N \times N$ 的 S 参数矩阵，若 $i \neq j$，则 S_{ij}(dB) 表示第 i 个端口和第 j 个端口的耦合系数，一般用对数形式表示。

端口隔离度表示端口耦合系数的绝对值。无源天线的端口耦合系数恒小于 1，端口耦合系数的对数形式为负值，端口隔离度恒为正值。端口耦合系数与端口隔离度的关系可类比反射系数与回波损耗的关系。

一般来说，我们希望两个馈电端口的隔离度趋于无穷大，从而保证两个端口独立工作。然而，在实际工程中，端口隔离度受到仿真、加工和测试等多个环节的精度的制约，往往存在上限，移动终端天线的端口隔离度大多以 15 dB 为标准。

对于一个两端口网络而言，表 2-2 列举了典型端口耦合系数、端口隔离度和耦合功率的转换关系。若两个端口之间的隔离度为 10 dB，则表示 1 端口激励时，2 端口会接收到 10.0%的能量。对于多端口天线而言，需要同时兼顾反射系数与端口隔离度。一个天线的反射系数很低，不代表能量都被天线辐射了，有可能能量是被另一个馈电端口吸收了。

表 2-2　典型端口耦合系数、端口隔离度和耦合功率的转换关系

端口耦合系数（dB）	端口隔离度（dB）	耦合功率（%）
−5	5	31.6
−10	10	10.0
−15	15	3.2
−20	20	1.0
−25	25	0.3

2.1.2　辐射特性参数

天线的辐射具有方向性，天线朝着三维空间不同的立体角方向所辐射的场强各不相同。将不同的立体角方向上辐射的场强的相对关系绘制成图，即得到天线的辐射方向图。辐射方向图用来表征天线在空间各个方向上所具有的发射或接收电磁波的能力。辐射方向图是三维立体图，它可以在不同的坐标系内显示，比如球坐标系或直角坐标系。球坐标系便于直观展示波束指向，而直角坐标系便于定量评估指标。考虑到三维立体图的绘制较为复杂，可在三维空间选择几个典型切面，形成二维方向图。典型切面包括 E 面和 H 面，它们分别是电场与传播方向构成的切面以及磁场与传播方向构成的切面。图 2-4 所示是一个呈现在直角坐标系内的辐射方向图，基于图 2-4 可定义多个辐射特性参数，包括主瓣、副瓣（旁瓣）、背瓣（后瓣）、主瓣宽度、辐射零点等指标。

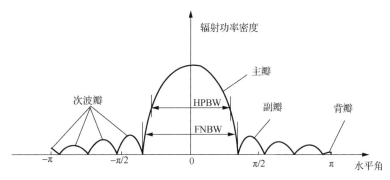

图 2-4　直角坐标系内的辐射方向图

注：HPBW 为 Half-Power Beam Width，半功率波束宽度；
FNBW 为 First Null Beam Width，第一零点波束宽度。

21

辐射方向图一般呈花瓣状，这些花瓣被称为波瓣或波束。其中，包含最大辐射方向的波束称为主瓣，其他的称为副瓣，并分为第一副瓣、第二副瓣等，与主瓣方向相反的波束称为背瓣。根据主瓣形状不同，可分为边射方向图、端射方向图、水平全向方向图。除了定性描述，还有一些定量描述辐射方向图的参数。

- 半功率波束宽度：在包含主瓣的平面内，辐射功率密度从最大值下降到一半时所对应的水平角。
- 第一零点波束宽度：在包含主瓣的平面内，主瓣两侧第一零点间的夹角。
- 副瓣电平：离主瓣最近且电平最高的第一副瓣的电平，通常以 dB 为单位。
- 前后比：最大辐射方向（前向）电平与其相反方向（后向）电平之比，通常以 dB 为单位。
- 方向性系数：天线在最大辐射方向上远区某点的功率密度与辐射功率相同的理想无方向性点源天线在同一点的功率密度之比。

增益指实际天线与一理想无方向性点源天线在空间同一点处所产生的信号的功率密度之比。它定量地描述一个天线把输入功率集中辐射的程度。增益与天线辐射方向图有密切的关系，在不考虑损耗的条件下，辐射方向图的主瓣越窄，副瓣越小，增益越高。天线增益用来衡量天线朝一个特定方向收发信号的能力。通过比较待测天线和一个已知增益的参考天线在相同输入功率下所辐射的最大功率密度，就可以测出待测天线的增益。

天线增益也描述了一个实际天线与理想无方向性点源天线相比，在最大辐射方向上将输入功率放大的倍数。例如，一个输入功率为 10 W 的理想无方向性点源天线与一个增益为 10 dBi、输入功率为 1 W 的天线在最大辐射方向上具有相同的信号强度。因此，当输入功率相同时，高增益天线在最大辐射方向上可以获得更大的辐射功率。但是，天线是无源器件，不能产生能量，天线增益只是描述将能量向某特定方向有效集中辐射的能力。提高天线增益，点对点的传输距离增大，但同时会压缩波束宽度，导致波束覆盖范围变窄。天线增益的选取应以波束宽度和目标区相配为前提，为了提高增益而过分压缩波束宽度是不可取的。

增益一般用对数形式表示，常用的符号有 dBi、dBd、dBiC，其中，dBi 的参考基准为理想无方向性点源天线，dBd 的参考基准为半波振子天线，dBiC 的参考基准为圆极化增益天线。由于半波振子天线的增益为 2.15 dBi，故 0 dBd = 2.15 dBi。

在实际仿真中，需要注意不同增益在定义上的区别。以全波仿真软件 HFSS 为例，与增益相关的参数有方向性系数、增益、实现增益。第一个参数未考虑天线损耗和匹配；第二个参数考虑了天线损耗，但并未考虑匹配；第三个参数同时考虑了天线损耗与匹配。在与测量增益对比时，应选择第三个参数作为仿真数据。

辐射效率是指天线辐射出去的功率（即有效转换为电磁波部分的功率）和输入天线的有功功率之比。

天线的损耗来源主要分为两大类：一类是欧姆损耗，另一类是反射损耗。其中，欧姆损耗又可细分为导体损耗与介质损耗。实际加工的金属不是理想导体，电导率不是无穷大，当电流流过金属导体时存在导体损耗。实际加工的介质也不是理想介质，损耗角正切值不为 0，比如 FR4 介质基板的损耗角正切值为 0.02，当介质中存在较强的电磁场时会产生介质损耗。尤其需要注意的是介质的"自谐振"现象，即天线在某个频段的匹配良好，但是辐射效率很低，出现这种情况的原因是该频段的介质损耗急剧上升，电磁能量没有被辐射，而是转化为热能损耗掉了。

提高天线辐射效率需要从 3 方面进行改善，即选择高电导率的金属、具有低损耗角正切值的介质基板、改善天线匹配情况以降低反射系数。然而，对于具体的应用，也需要考虑制作成本以及天线尺寸的约束。

辐射效率既可用百分数形式表示，也可用对数形式表示。其中，学术界大多用百分数形式表示，数据较为直观；工业界大多用对数形式表示，便于将天线性能代入整个无线链路预算进行评估，用对数形式表示的辐射效率也可称为天线损耗。这两者的转换关系如表 2-3 所示。

表 2-3　辐射效率与天线损耗的转换关系

辐射效率（%）	天线损耗（dB）
79.4	−1
63.1	−2
50.1	−3
31.6	−5
15.8	−8
10	−10

极化是指在空间某点，沿电磁波的传播方向看去，电场矢量在空间的取向随时间变化的轨迹。图 2-5 所示为电磁波电场矢量取向随时间变化的典型轨迹曲线。一个固定点上的电场会随着时间变化，如果电场矢量取向随时间变化的轨迹是一条直线，则称为线极化；如果轨迹是一个圆，则称为圆极化；如果轨迹是一个椭圆，则称为椭圆极化。（椭）圆极化还可根据右手定则进一步细分为左旋（椭）圆极化和右旋（椭）圆极化。需要指出的是，极化属于局部特征，可类比光学里的自旋角动量（即偏振）或地球的自转。与之相对，近几年比较热门的涡旋电磁波属于宏观特征，可类比光学里的轨道角动量或地球围绕太阳的公转。

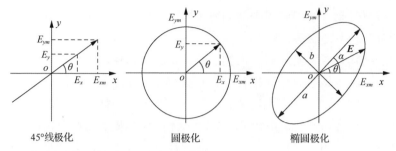

45°线极化 　　　　　圆极化 　　　　　椭圆极化

图 2-5　电磁波电场矢量取向随时间变化的典型轨迹曲线（下标 *m* 代表 magnitude，振幅）

在无线通信系统中，只有收、发天线的极化匹配时，系统才能获得最大的传输功率。收、发天线的极化匹配是指在最大电场指向方向对准的情况下收、发天线的极化一致。若极化不一致，接收天线的极化与发射天线的极化不能完全匹配，则会出现极化损失。极化损失通常用对数形式表示，不同极化形式之间的极化损失如表 2-4 所示。

表 2-4　不同极化形式之间的极化损失

发射天线的极化方式	接收天线的极化方式	极化损失（dB）
垂直/水平	垂直/水平	0
垂直/水平	水平/垂直	∞
垂直/水平	圆极化	3
左旋/右旋	左旋/右旋	0
左旋/右旋	右旋/左旋	∞

对于手机天线来说，极化不是关键参数，这主要有两方面的原因：一方面是手机天线的尺寸严格受限，天线大多采用弯折结构，难以保证较纯的极化分量；另一方面是基站天线通常具有±45°双极化发射/接收能力，能够通过接收双极化电磁波来弥补极化损失，即使手机天线的极化任意变化，也能建立稳定的通信链路。

2.1.3　移动终端天线特有参数

在移动终端天线应用中，除了常规的电路与辐射特性参数外，还定义了一些特有参数，便于直观衡量天线在手机这一载体中的性能。

总辐射功率（Total Radiated Power，TRP）通过对整个辐射球面的发射功率进行面积分并取平均值得到。它反映手机整机的发射功率情况，跟手机在传导情况下的发射功率和天线辐射性能有关。美国无线通信和互联网协会标准要求测量球坐标下的全向辐射功率，给出了 TRP 的定义：

$$\text{TRP} = \frac{1}{4\pi} \int_{\theta=0}^{\pi} \int_{\varphi=0}^{2\pi} \left[\text{EIRP}_{\theta}(\theta,\varphi) + \text{EIRP}_{\varphi}(\theta,\varphi) \right] \sin\theta \mathrm{d}\theta \mathrm{d}\varphi \tag{2-5}$$

其中，EIRP（Effective Isotropic Radiated Power）表示 θ 分量或 φ 分量的有效全向辐射功率。

EIRP 可以通过图 2-6 所示的 TRP 测量平台直接测量，基于式（2-5）进行数据处理，可得到天线的 TRP。通常，峰值 EIRP 无法直接衡量手机天线的性能好坏。例如，如果手机天线系统的辐射方向图是高定向性的，则峰值 EIRP 很大，其他方向的 EIRP 反而较小，整个空间的信号覆盖较差；天线在各个方向的 EIRP 越接近，表明信号覆盖越均匀，计算得到的 TRP 越大，发射机的性能越好。

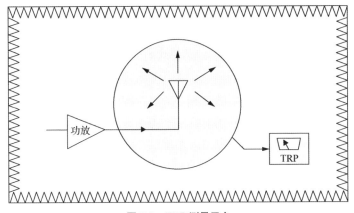

图 2-6　TRP 测量平台

总全向灵敏度（Total Isotropic Sensitivity，TIS）通过对整个辐射球面的接收功率进行面积分并取平均值得到，用于评估接收机的性能。一个典型的 TIS 测量平台如图 2-7 所示。测量的 TIS 越大，则表示接收机的性能越好。低的 TIS 会降低用户接收到的信号质量，甚至使用户丢失基站信息并造成呼叫终止。

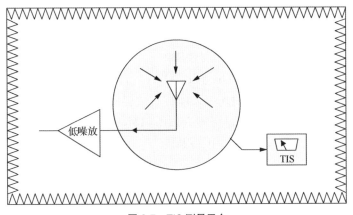

图 2-7　TIS 测量平台

美国无线通信和互联网协会标准要求在发射机具有最大发射功率的情况下测量接收机的 TIS，并要求测量球坐标下的 TIS：

$$\text{TIS} = \frac{4\pi}{\int_{\theta=0}^{\pi} \int_{\varphi=0}^{2\pi} \left[\frac{1}{\text{EIS}_{\theta}(\theta,\varphi)} + \frac{1}{\text{EIS}_{\varphi}(\theta,\varphi)} \right] \sin\theta \, \mathrm{d}\theta \, \mathrm{d}\varphi} \tag{2-6}$$

其中，EIS（Effective Isotropic Sensitivity）表示 θ 分量或 φ 分量的有效全向灵敏度，用于衡量某点的接收能力，与 EIRP 用于衡量发射能力相对应。

TRP 表征手机的发射性能，而 TIS 表征手机的接收性能，两者可全面衡量手机的收发能力。

比吸收率（Specific Absorption Rate，SAR）用于评估手机辐射对用户的影响。在手机等移动设备的工作频率处，已知的电磁辐射暴露的影响是以对人体组织的加热为出发点的。在外部电磁场的作用下，人体将产生感应电磁场。由于人体各器官均为有耗介质，因此人体内的感应电磁场将会产生电流，进而吸收和耗散电磁波，这就是电磁场对人体组织的加热现象。生物剂量学中常用 SAR 来表征这种物理加热过程。SAR 的定义为单位质量的人体组织所吸收或耗散的电磁功率，其单位为 W/kg，计算公式如式（2-7）所示：

$$\text{SAR} = \frac{\sigma E^2}{\rho} \tag{2-7}$$

其中，ρ 代表密度，σ 代表电导率，E 代表电场强度。国际通用的 SAR 达标的标准：以 6 min 计时，每千克脑组织吸收的电磁功率不得超过 2 W，即 2 W/kg（任取 10 g 组织液）。此外，美国规定的 SAR 达标的标准为 1.6 W/kg（任取 1 g 组织液），相对而言，美国的 SAR 标准更严格。

SAR 与人体介质的电导率有关。电导率越小，感应到的高频电流越小，吸收的电磁波越少，SAR 就越小。人体介质的电导率与电磁波频率有关，在 900～2400 MHz 这一范围，电导率随着频率的增加而增加。

对于通过空中激活（Over The Air，OTA）测试的 TRP 指标，一般希望 TRP 比较大，这样从功放进入天线的功率才能被有效辐射，发射机的性能越好。在 SAR 测试中，则希望 TRP 比较小，这样被人体组织吸收或耗散的电磁功率才比较小，保证能通过 SAR 标准。因此，TRP 与 SAR 是一对相互矛盾的指标，在天线设计中如何保证两个指标都达到相关标准，在天线设计之初就需要综合考虑。

2.2 天线模式

模式是分析天线工作原理的基本依据。本质上，任何天线的辐射场都可视作麦克斯韦方程组在特定边界和激励下的电场解或磁场解。不同的解对应天线结构中不同的电流分布或电场分布。天线结构中的电流分布或电场分布称为模式。

2.2.1　模式的理论基础

从麦克斯韦方程组出发，在无源均匀介质区域，可推导出只含有电场或磁场的波动方程，也称亥姆霍兹方程。时变的电场满足式（2-8）：

$$\nabla^2 \boldsymbol{E} = \mu\sigma\frac{\partial \boldsymbol{E}}{\partial t} + \mu\sigma\frac{\partial^2 \boldsymbol{E}}{\partial t^2} \tag{2-8}$$

其中，$\boldsymbol{E}$ 代表电场，μ 代表磁导率，σ 代表电导率。对于正弦电磁场，无源条件下的电场和磁场的复矢量满足矢量齐次亥姆霍兹方程，表达式可简化为：

$$\nabla^2 \boldsymbol{E} + k^2 \boldsymbol{E} = 0 \tag{2-9}$$

其中，k 代表波数。在直角坐标系中，电磁场复矢量各分量满足标量齐次亥姆霍兹方程，以 x 分量为例：

$$E_x = f(x)g(y)h(z) \tag{2-10}$$

利用分离变量法求解：

$$\begin{cases} \dfrac{\mathrm{d}^2 f(x)}{\mathrm{d}x^2} + k_x^2 f(x) = 0 \\[2mm] \dfrac{\mathrm{d}^2 g(y)}{\mathrm{d}y^2} + k_y^2 g(y) = 0 \\[2mm] \dfrac{\mathrm{d}^2 h(z)}{\mathrm{d}z^2} + k_z^2 h(z) = 0 \end{cases} \tag{2-11}$$

以上 3 个方程的通解分别为：

$$\begin{cases} f(x) = A_1\cos(k_x x) + A_2\sin(k_x x) \\ g(y) = B_1\cos(k_y y) + B_2\sin(k_y y) \\ h(z) = C_1\cos(k_z z) + C_2\sin(k_z z) \end{cases} \tag{2-12}$$

将边界条件代入表达式，理论上可求出相应的解。然而，在实际工程中，天线的边界条件往往较为复杂，用解析方法难以求解，更通用的是借助全波仿真软件中的数值分析算法进行求解。不过，基于结构的对称性进行场分析有助于理解天线的工作原理。

根据天线结构是一维、二维还是三维分布的，可将天线分别命名为线天线、面天线和体天线，不同类型天线支持的模式不同。

2.2.2　线天线模式

线天线只在一个维度有电场或电流的变化，这种天线由于是一维分布的，风阻小、质量轻，尤其适用于米波等低频段。线天线结构简单，可通过弯折缩小尺寸。

如图 2-8 所示，根据一维边界条件，线天线形式有以下 3 种情况，分别是两端同时开路、两端同时短路、一端开路和一端短路，对应的模式分别为二分之一波长模式、二分之一波长模式、四分之一波长模式。

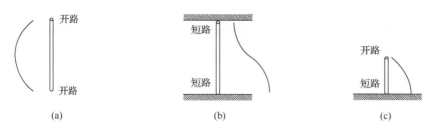

图 2-8　线天线形式的 3 种情况
(a)两端同时开路　(b)两端同时短路　(c)一端开路和一端短路

2.2.3　面天线模式

面天线只在两个维度有电场或电流的变化，天线呈平面或曲面分布，可以采用平面电路板工艺进行批量制作，这种天线是微波频段的主流实现形式。

如图 2-9 所示，根据二维边界条件，面天线形式有以下 3 种情况，每个维度的边界条件与线天线的类似，对应的模式也分为二分之一波长模式和四分之一波长模式。由于镜像原理，第三种情况需要地板存在，可通过金属面或金属柱将天线短路到地板。对于小型化设计，可以在两个维度同时使用四分之一波长模式。由于面天线一般印刷在介质基板上，可通过加载高介电常数在保持电尺寸不变的条件下缩小天线物理尺寸。

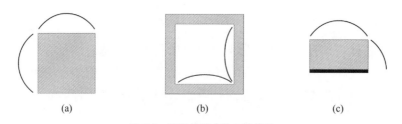

图 2-9　面天线形式的 3 种情况
(a)两个维度均满足开路边界条件　(b)两个维度均满足短路边界条件
(c)一个维度满足开路边界条件，另一个维度满足开路-短路边界条件

2.2.4　体天线模式

体天线在 3 个维度都有电场或电流的变化，由于在 3 个维度都可以调整天线，因此设计的自由度较大，常用于介质谐振天线（Dielectric Resonator Antenna，DRA），但该天线在立体结构制作上较为复杂。

如图 2-10 所示，根据三维边界条件，体天线形式有以下两种情况：一种是所有面均满足开路边界条件，3 个维度都工作在二分之一波长模式；另一种是有一个面放置在无限大金属地板上，剩下 5 个面满足开路边界条件。由于地板的镜像作用，天线在与地板垂直的维度工作在四分之一波长模式，体积可减小一半。

(a)　　　　　　　　　　　　　　　(b)

图 2-10　体天线形式的 2 种情况
(a)所有面均满足开路边界条件　(b)5 个面满足开路边界条件

2.2.5　多模式协同

在运用各种模式分析法对天线固有的属性进行分析后，我们对天线可能支持的全部模式有了定性的认识，即了解了天线的无源性。在此基础上，我们可以进一步分析天线在有源激励下的表现，从而产生特定的辐射方向图。馈源的类型及位置由需要激励的模式的场分布决定。一般地，在电压最大值处放置容性馈源或在电流最大值处放置感性馈源能使该模式与馈源实现最大耦合，从而有效激励特定的模式。

当前，一方面，天线正在朝小型化与多功能化的方向发展，单一的模式难以满足天线多功能的要求，而且在天线尺寸减小时天线的性能会进一步恶化。另一方面，天线本身支持多个模式，如果通过合适的馈源将多个模式同时激励起来，天线的性能可以进一步提高。因此，多模式协同工作为功能型小天线的设计提供了新的思路。

对天线设计中的模式而言，协同主要体现在利用多个模式之间的共性或差异性来寻找提升天线性能的方法。经过归纳与总结，多模式协同对天线的提升作用主要体现在 3 个方面[2]：扩展工作带宽、增加正交模式、改善辐射方向图特性。

多模式协同的难点在于寻找或构造多个具有共性或差异性的模式。比如，为了扩展天线的阻抗带宽，需要寻找多个具有相似电流分布的模式，并通过一定手段让这些模式的电流最大值或电压最大值所在的位置重合，然后在此重合点放置馈源以同时激励这些模式，多个模式组合起来即可有效扩展天线的阻抗带宽。又如，如果天线在同一个频率点上存在多个谐振模式，而且这些模式的电流方向相互正交，则可以利用这些正交模式增加通道数量，实现 MIMO 多天线设计。此外，本征模式的电流分布决定了其辐射方向图特性。不同模式的辐射方向图差别较大，有的是朝边射方向辐射，有的则是朝水平方向辐射，有的是高增益，有的则是宽波束。因此，单个模式无法同时实现高增益和宽波束。多模式协同则为改善辐射方向图特性提供了新的选择，通过重构实现空域的动态广覆盖。

2.3 典型移动终端天线形式

根据模式工作原理的不同，典型移动终端天线可分成几种典型的形式，包括单极子天线、PIFA、槽天线、环天线等。

2.3.1 单极子天线

单极子天线是使用最广泛的移动终端天线形式之一，最早的商用手机采用单极子天线作为辐射天线。单极子天线采用线天线结构，其一端开路，另一端通过馈电端口连接到手机地板。由于地板的镜像作用，单极子天线符合一端开路、一端短路的边界条件，因而最低谐振频率工作在四分之一波长（$\lambda/4$）模式。其他谐振模式还包括四分之三波长、四分之五波长和四分之七波长等高次模。

单极子天线的基本结构如图 2-11 所示。早期的外置天线对天线尺寸要求较低，可采用直单极子形式。由于地板上的部分镜像电流也会参与辐射，所以在设计时需要优化地板尺寸。随着天线从外置演变到内置形式，为了满足尺寸要求，可将直单极子结构弯折成倒 L 形，天线仍工作在四分之一波长模式，但小型化的代价是天线性能下降。一个简单的解释是倒 L 形单极子被弯折的水平臂靠近地板，会感应出相位相反的电流，两部分电流产生的辐射场在空间互相抵消，有效辐射长度仅有垂直臂部分。为了改善馈电端口的阻抗匹配情况，可采用倒 F 形的 IFA 结构，即在倒 L 形单极子馈电点附近并联一个短路分支，用于充当并联电感，通过调整短路分支的长度、宽度和位置等，可在单个频段实现良好的阻抗匹配。在实际工程中还可添加电感或电容等集总元件搭建匹配网络，扩展单极子天线的阻抗带宽。

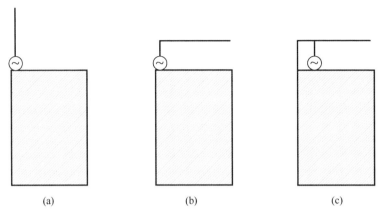

图 2-11　单极子天线的基本结构

(a)直单极子　(b)倒 L 形单极子　(c)倒 F 形的 IFA 结构

2.3.2　PIFA

　　PIFA 的三维结构如图 2-12 所示，它包含一块手机地板、一个悬浮的金属片、一根短路金属条、一根馈线。金属片与手机地板之间有一定的距离，以防止地板上的镜像电流完全对消金属片上的电流。PIFA 可从 IFA 结构转变而来，只需将 IFA 从手机地板的端射方向旋转到边射方向，再将线天线拉伸成平面天线即可。手机内置 PIFA 在 20 世纪 90 年代的手机产品中应用十分广泛，如诺基亚公司的 2100型号手机。然而，随着手机朝扁平化趋势发展，PIFA 高剖面的缺点使其应用范围受到限制。

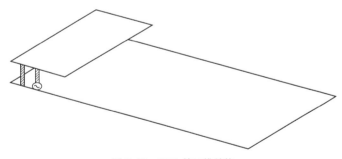

图 2-12　PIFA 的三维结构

　　PIFA 的金属片一侧开路，另一侧通过竖直的金属条短路到地板，符合四分之一波长模式的边界条件，金属片的短边较短，沿短边的场分布不变，且电场指向垂直于地板与金属片方向，因此 PIFA 的基本工作模式为 $\mathrm{TM}_{\frac{1}{2}0}$ 模式。

　　PIFA 的带宽与金属片和地板之间的距离直接相关，距离越大，带宽越大。另外，金属条宽度对带宽也有一定影响。在实际应用中，往往通过弯折金属片来减小 PIFA 的尺寸,并增加谐振分支数量,从而实现手机天线的小型化、多频化设计。

2.3.3 槽天线

　　槽天线或缝隙天线是一种常用的手机天线形式,尤其是在金属边框和金属后盖比较流行的时代。使用金属边框或金属后盖可以提升手机的质感,还可以增加手机的机械强度。但是,射频信号无法穿透金属。为了减小这种辐射阻碍,槽天线技术逐渐应用于具有金属边框或金属后盖的手机天线设计中。根据巴比涅原理,无限大金属板上的缝隙可以等效为自由空间中的磁偶极子,所以槽天线的典型缝隙长度为二分之一工作波长,槽天线在结构上与半波电偶极子形成互补。如图 2-13 所示,手机天线设计中常用的槽天线分为闭合槽天线和开口槽天线,其中,开口槽天线与单极子天线互补,工作模式为四分之一波长模式,应用更广泛。

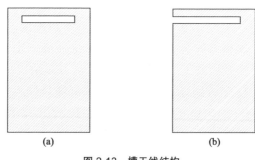

图 2-13　槽天线结构
(a)闭合槽天线　(b)开口槽天线

2.3.4 环天线

　　环天线是线天线的一种。当环的物理尺寸远小于谐振波长时,称这种天线为电小环天线,其辐射能力较弱;当环的物理尺寸接近或大于谐振波长时,称这种天线为电大环天线,其辐射能力较强。用于手机天线设计的是电大环天线,天线周长约为一个工作波长。

　　常规环天线由一个圆形金属环组成。在手机天线设计过程中,为了减小环天线面积,通常将环天线弯折成图 2-14 所示的结构,环天线与地板有两个相连点,可用于实现环天线的差模和共模激励。差模信号使天线工作在一个波长模式,共模信号使天线工作在两个并行的二分之一波长模式。在低频段,手机地板对天线的差模性能影响较小,环天线可以实现较大的工作带宽,但是环天线的物理尺寸比单极子天线的大。

图 2-14　环天线结构

2.4　MIMO 天线解耦原理

为了满足高无线传输速率的需求,在带宽资源有限的情况下,可以采用 MIMO 技术来成倍地提高传输速率,MIMO 技术也是近几十年来移动通信领域的重要技术之一。和早期的单输入单输出系统相比,MIMO 系统在收发端同时布置多个天线,可以极大提高频谱利用率,但天线间必须是独立不相关的。

在手机这类天线安装空间严格受限的载体中,集成多个天线面临着巨大挑战:一方面,手机的高屏占比、使用金属后壳、轻薄化等发展趋势使得天线的净空越来越小,单个天线的空间被严重压缩;另一方面,距离较近的多个天线之间存在较强的耦合,天线接收或发射的信号之间互相影响,而 MIMO 技术理论上要求天线之间没有相关性,相关性越强,则 MIMO 技术提升信道容量的能力越弱。如何在小净空、小单元间距限制下降低多个天线之间的耦合强度是值得深入研究的课题。

2.4.1　天线耦合来源

移动终端内的天线间存在多种耦合关系。以包含两个天线的 MIMO 系统为例,典型的耦合可分为四类,包括天线单元间的表面波耦合、电流耦合、空间传播耦合、空间散射耦合等,如图 2-15 所示。

表面波耦合是指同一个介质基板上布设有两个天线的情况下,由于介质基板支持表面波传播,从而导致电磁波通过介质基板传输,形成表面波耦合路径。一般来说,介质基板越厚、相对介电常数越大,越容易形成表面波。

电流耦合是指两个天线共用同一个金属地板的情况下,电流通过地板从一个天线端口传输到另一个天线端口,形成电流耦合路径。

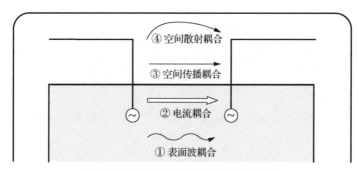

图 2-15　移动终端两个天线间的耦合来源

空间传播耦合是指两个天线间存在直接传播路径，电磁波通过三维自由空间直接传输，形成空间传播耦合路径。一般情况下，两个天线距离越近，空间传播耦合的强度越大。

空间散射耦合是指两个天线间除了直接传播路径，还存在其他形式的传播路径，如金属边框、摄像头等器件使电磁波发生反射或散射，形成空间散射耦合路径。

以上耦合具有不同的耦合机理、耦合路径和耦合强度，它们相互叠加，构成了多天线系统的耦合，宏观表现为散射矩阵中的传输系数。

为了降低多天线系统的耦合强度，可采用多种解耦方法去除天线间的相关性。根据解耦原理，相关的解耦方法可分为三类，分别是添加谐振结构形成阻带、引入受控耦合实现能量对消、通过模式正交解耦。以带有金属边框的移动终端双天线为例，接下来介绍各种解耦方法的实现原理。

2.4.2　添加谐振结构形成阻带

添加谐振结构形成阻带的解耦方法的基本思想是阻断两个天线间的耦合路径。典型的谐振结构包括缺陷地结构（Defected Ground Structure，DGS）、寄生谐振分支结构和人工电磁材料[如电磁带隙和人工磁导体（Artificial Magnetic Conductor，AMC）等]，接下来将分别介绍这几种结构形成阻带的工作原理。

图 2-16 所示为基于缺陷地解耦的双天线模型。两个单极子天线背靠背放置，两者间隔一定距离，馈电端口位于手机地板上，一般通过微带线或同轴线连接天线与馈电端口。地板顶部刻有一个倒置的 T 形槽，这个 T 形槽一般关于两个天线的中轴线左右对称。T 形槽的总长度约为四分之一工作波长，符合一端开路、一端短路的边界条件，解耦结构处于可谐振状态。

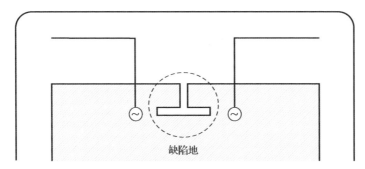

图 2-16　基于缺陷地解耦的双天线模型

缺陷地解耦的基本原理：缺陷地技术在地板上引入新的谐振结构，在两个天线之间添加了受控的谐振器，通过调整缺陷地的尺寸可改变 3 个谐振器之间的耦合系数，使得两个天线之间的耦合系数尽量小，从而减小两个天线通过地板路径耦合的能量。此外，根据互补原理，将缺陷地镜像到地板上方形成 T 形凸起结构，也可实现类似效果。

图 2-17 所示为基于寄生谐振分支解耦的双天线模型，该模型在两个背靠背单极子天线之间添加一根悬浮的金属条形成寄生谐振分支。为了更灵活地调整寄生谐振分支的长度，金属条弯折成倒 U 形。倒 U 形寄生谐振分支的总长度约为二分之一工作波长，符合两端开路的边界条件，这个解耦结构同样处于可谐振状态。

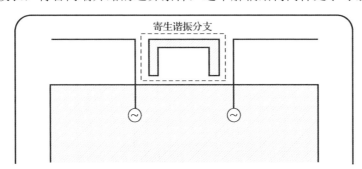

图 2-17　基于寄生谐振分支解耦的双天线模型

寄生谐振分支解耦的基本原理：在两个天线之间引入新的谐振结构，通过调整寄生谐振分支的长度、寄生谐振分支与两个天线的间距，可改变 3 个谐振器之间的耦合系数，使得两个天线之间的耦合系数尽量小，从而减小两个天线通过空间路径耦合的能量。

图 2-18 所示为基于 AMC 解耦的双天线模型，该模型在两个背靠背单极子天线之间添加周期排布的 AMC。AMC 的单元尺寸属于亚波长范围，即单元尺寸远小于介质波长，大量亚波长单元可有效调控电磁波的走向。

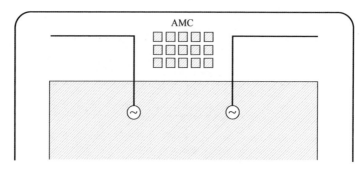

图 2-18　基于 AMC 解耦的双天线模型

AMC 解耦的基本原理：在两个天线之间周期排布的亚波长单元可产生多个空间谐波，通过调整 AMC 的单元尺寸、单元间距以及单元数量等，可控制空间谐波与两个天线之间的空间耦合系数，从而减小两个天线通过空间路径耦合的能量。

2.4.3　引入受控耦合实现能量对消

与添加谐振结构形成阻带阻断两个天线之间的耦合路径的工作原理不同，引入受控耦合实现能量对消的解耦方法通过引入受控的耦合路径，让新耦合路径上的信号与已存在的耦合路径上的信号的振幅相等，相位相差 180°，从而实现两条耦合路径的信号对消，具体的技术包括引入中和线和引入解耦电路这两种形式。

图 2-19 所示为基于中和线解耦的双天线模型，该模型在两个背靠背单极子天线之间添加一条弯折的连接线，连接线一般采用金属条。中和线的长度、线宽以及其与两个天线的连接位置可灵活调整。

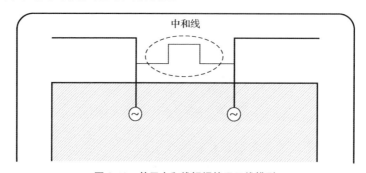

图 2-19　基于中和线解耦的双天线模型

中和线解耦的基本原理：中和线在两个天线之间引入一条受控的耦合路径，通过调整中和线的线宽可调整耦合路径上信号的振幅，通过调整中和线的长度可调整耦合路径上信号的时延和相位，使得受控的耦合路径上的信号与两个天线之间的耦合信号能够实现电流对消。此外，为了实现宽频段解耦，还可以引入多根中和线构造级联解耦网络，在宽频段内实现电流对消。

图 2-20 所示为基于解耦电路解耦的双天线模型，该模型在两个背靠背单极子天线的馈电端口之间添加一个由集总元件搭建的解耦电路。电路的实现形式、集总元件的数量、电路与馈线的连接位置均可灵活调整。

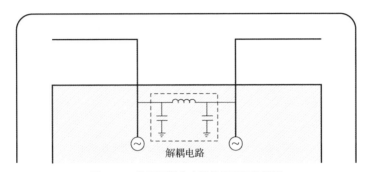

图 2-20　基于解耦电路解耦的双天线模型

解耦电路解耦的基本原理：解耦电路在两个天线之间引入一条受控的耦合路径，通过调整解耦电路中的电感、电容等器件的参数，可改变受控的耦合路径上电流的强度和相位，使得受控的耦合路径上的信号与两个天线之间的耦合信号能够实现电流对消。与中和线解耦相比，解耦电路解耦的设计自由度更大，通用性更强，尤其适用于强互耦条件下的解耦问题。

2.4.4　通过模式正交解耦

根据特征模理论，移动终端平台自身支持多个模式，这些模式可能具有相似的场分布，也可能具有互补的场分布，可以通过选择合适的外部馈源激励特定的模式，从而实现模式之间的正交。这种解耦方法的优点是无须额外的解耦结构，且端口隔离度较高。典型的解耦方法有共模/差模理论和极化正交这两种。

图 2-21 所示为基于共模/差模理论解耦的双天线模型，该模型的两个天线的实现形式不同，分别为一个 T 形单极子结构和一个 U 形偶极子结构，单极子天线的馈电端口在中心线上，偶极子天线的馈电端口在地板的角落。单极子天线的左侧和右侧末端开路，中心馈电，从中心到左侧或右侧末端的长度约为四分之一工作波长，符合四分之一波长谐振器的边界条件。偶极子天线的右侧末端开路，长度约为二分之一工作波长，符合二分之一波长谐振器的边界条件。

共模/差模理论解耦的基本原理：单极子天线由于结构对称且采用中心馈电，工作在共模状态；偶极子天线从一侧馈电，可激励二分之一波长谐振器工作在差模状态。共模状态和差模状态下的两个臂上的电流表现不同（即共模状态下的两个臂上的电流相位相反，差模状态下的两个臂上的电流同相位），两种模式的辐射电场正交，从而实现两个天线的高隔离。此外，为提高差模天线的对称性，可利用两个馈电端口形成差分信号。

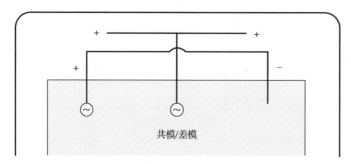

图 2-21　基于共模/差模理论解耦的双天线模型

图 2-22 所示为基于极化正交解耦的双天线模型，该模型的两个单极子天线的实现形式相同，分别放置在手机地板的长边和短边处。两个天线的相对摆放位置有多种形式，包括同时顺时针摆放、同时逆时针摆放、一个顺时针摆放和一个逆时针摆放等。

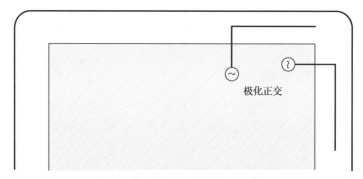

图 2-22　基于极化正交解耦的双天线模型

极化正交解耦的基本原理：两个单极子天线分别激励手机地板长边和短边的电流，由于两条边正交，对应的天线极化也正交，正交极化之间存在天然的隔离，从而保证了两个天线的高隔离。

2.5　相控阵天线波束扫描原理

相控阵天线是当前主流的波束调控实现形式，在 5G 移动通信波束赋形、新体制雷达目标探测等领域中有广泛的应用。通过将相同形式的单元组成阵列，再给每个单元施加特定的馈电相位，形成所需的相位梯度分布，即可产生特定指向的波束。其中，均匀激励的一维等间距直线阵代表了最基本、最典型的一种相控阵架构。

2.5.1　一维等间距直线阵方向图

根据方向图乘积定理可知，相似单元所构成的天线阵列方向图由单元方向图和阵因子的乘积确定。一维等间距直线阵的布阵结构如图 2-23 所示，以 N 个各向同性点源代替实际单元并沿 z 轴共线排布，相邻单元间距为 d。若各单元间具有线性步进的激励电流相位，则激励电流 I_n 可表示为：

$$I_n = A_n \mathrm{e}^{jn\alpha}, \ n = 0, \cdots, N-1 \tag{2-13}$$

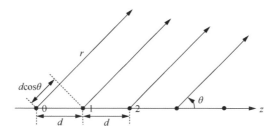

图 2-23　一维等间距直线阵的布阵结构

其中，A_n 表示第 n 个单元的激励电流振幅，α 表示相邻单元间激励电流的相位差。考虑阵列均匀激励的情形，即所有单元激励电流的振幅等于 A_0，则阵因子 AF 为：

$$\mathrm{AF} = A_0 + A_0 \mathrm{e}^{j\psi} + \cdots + A_0 \mathrm{e}^{j(N-1)\psi} = A_0 \sum_{n=0}^{N-1} \mathrm{e}^{jn\psi} \tag{2-14}$$

$$\psi = \beta d \cos\theta + \alpha \tag{2-15}$$

其中，β 为自由空间的相位常数，ψ 为任意相邻单元产生的远场相位差，包括单元间距引入的波程差和 α。

对式（2-14）进行等比级数求和，略去存在的公共相位因子项，得到归一化阵因子：

$$f(\psi) = \frac{\sin(N\psi/2)}{N\sin(\psi/2)} \tag{2-16}$$

为使归一化阵因子取得最大值，需满足：

$$\theta_m = \arccos\left[\frac{1}{\beta d}(-\alpha \pm 2m\pi)\right], \ m = 0, 1, 2, \cdots \tag{2-17}$$

当 $m=0$ 时，θ_0 对应阵因子主波束的最大值，而相邻单元间激励电流的相位差应满足：

$$\alpha = -\beta d \cos\theta_0 \qquad (2\text{-}18)$$

据此，控制激励电流的步进相位，可使阵因子的最大辐射方向指向特定角度，实现波束的电控扫描。特别地，当 $\theta_0=90°$ 时，形成边射方向图；当 $\theta_0=0°$ 或 $180°$ 时，形成端射方向图。

当 m 取非零值时，阵因子产生附加栅瓣。为避免栅瓣落入可见区，当最大扫描角为 θ_m 时，单元间距 d 需满足抑制条件：

$$d < \frac{\lambda}{1 + |\cos\theta_m|} \qquad (2\text{-}19)$$

2.5.2　相控阵天线的散射特性参数

相控阵体制要求天线的若干激励源同时工作，而单元间的互耦必然会影响各单元的输入阻抗。常规的无源 S 参数仅考虑了某个馈电端口在独立工作时的散射特性，却无法用来评测相控阵天线在不同馈电激励下的设计性能。尤其是当天线各单元激励电流的振幅、相位存在明显差异时，如在宽角度波束扫描场景下，严重的互耦将明显恶化单元的阻抗匹配性能。

有源 S 参数反映了当其他端口被同时激励时该端口的散射特性，包含该端口与其他端口或单元的耦合作用，是对有源相控阵天线实际工作状态的有效描述。通常，有源 S 参数可以表示为无源 S 参数的线性组合[3]。当第 n 个单元的激励 a_n 不为 0 时，存在如下关系：

$$\text{active } S_{mn} = \sum_{i=1}^{N} S_{mi}\frac{a_i}{a_n} = \sum_{i=1}^{N} S_{mi}\frac{A_i \mathrm{e}^{\mathrm{j}\varphi_i}}{A_n \mathrm{e}^{\mathrm{j}\varphi_n}} \qquad m,n = 1,\cdots,N \qquad (2\text{-}20)$$

其中，S_{mi} 为第 i 个和第 m 个单元的无源耦合系数，A_n 和 φ_n 为第 n 个单元的激励振幅和相位，N 为单元或馈电端口的数量。

特别地，当 $m=n$ 时，得到有源 S 参数：

$$\text{active } S_{mm} = \sum_{i=1}^{N} S_{mi}\frac{a_i}{a_m} = \sum_{i=1}^{N} S_{mi}\frac{A_i \mathrm{e}^{\mathrm{j}\varphi_i}}{A_m \mathrm{e}^{\mathrm{j}\varphi_m}} \qquad m = 1,\cdots,N \qquad (2\text{-}21)$$

由此可建立互换关系：

$$\text{active } S_{mm} = \frac{a_n}{a_m}\text{active } S_{mn} \qquad m,n = 1,\cdots,N \qquad (2\text{-}22)$$

其他相关的有源参数可基于有源 S 参数变换得到。例如，对于有源 VSWR，有以下定义：

$$\text{active VSWR}_{mm} = \frac{1 + |\text{active } S_{mm}|}{1 - |\text{active } S_{mm}|} \qquad m = 1,\cdots,N \qquad (2\text{-}23)$$

依据上述定义，对于 N 元相控阵，完整的有源 S 参数的提取需要完成 $N(N–1)/2$ 次基于矢量网络分析仪的两端口无源测试，且测试复杂度将随着阵列规模的增大明显上升。对此，在实际工程中可利用中心单元[4]或借助定向耦合器[5]等方法在合理的误差范围内简化测试过程。

2.5.3　相控阵天线的典型单元形式

1．贴片天线

作为平面印刷天线中最简单的一种实现形式，贴片天线凭借质量小、剖面低、易共性等优势，始终在无线通信领域扮演着重要角色。图 2-24 所示为侧馈型微带贴片天线的几何结构示意，介质基板上、下两个导体平面分别作为辐射贴片（简称"贴片"）和接地面，介质基板厚度通常远小于波长。依据传输线模型的分析方法，该几何结构可视为一段长度为 L 的低阻抗传输线和两个向半空间辐射的并联窄槽。基于腔体模型，导体覆盖的介质基板区域又可视为终端开路的二分之一波长加载谐振腔，两个辐射缝隙构成了间距为 L 的等幅反相二元阵列，产生指向上半空间的定向辐射。

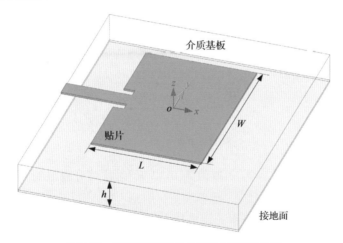

图 2-24　侧馈型微带贴片天线的几何结构示意

由于贴片边缘场的存在，电磁波同时存在于由介质基板和空气构成的分层介质中，因此可引入有效介电常数 ε_{eff} 描述电磁波的传播，ε_{eff} 在低频下的初始静态值由式（2-24）给出[6]：

$$\varepsilon_{\text{eff}} = \frac{\varepsilon_{\text{r}}+1}{2} + \frac{\varepsilon_{\text{r}}-1}{2}\left(1+12\,\frac{h}{W}\right)^{-1/2}, \ W/h>1 \qquad （2-24）$$

其中，ε_{r} 为相对介电常数，W 为贴片宽度，h 为基板厚度。与此同时，边缘

效应使得贴片的等效电长度大于实际的物理长度,对贴片两端延伸长度 ΔL 的经验估计为[7]:

$$\Delta L = 0.412h \frac{(\varepsilon_{\text{eff}} + 0.3)(W/h + 0.264)}{(\varepsilon_{\text{eff}} - 0.258)(W/h + 0.8)} \quad (2\text{-}25)$$

据此,工作模式为 TM₀₁、谐振频率为 f_r 的贴片的长度、宽度可依据下式计算:

$$L = L_{\text{eff}} - 2\Delta L = \frac{1}{2f_r \sqrt{\varepsilon_{\text{eff}}} \sqrt{\mu_0 \varepsilon_0}} - 2\Delta L \quad (2\text{-}26)$$

$$W = \frac{1}{2f_r \sqrt{\mu_0 \varepsilon_0}} \sqrt{\frac{2}{\varepsilon_r + 1}} \quad (2\text{-}27)$$

其中,L_{eff} 为有效长度,μ_0 为真空磁导率,ε_0 为真空介电常数。在该谐振模式下,贴片天线的辐射场可以通过等效表面磁流计算得到[8]。假定边缘电场为 E_a,根据镜像理论可得表面磁流 M_S:

$$M_S = 2E_a \times n \quad (2\text{-}28)$$

其中,n 代表法向单位矢量。由磁流辐射得到远场分量:

$$E_\theta = E_0 \cos\varphi f(\theta, \varphi) \quad (2\text{-}29)$$

$$E_\varphi = -E_0 \cos\theta \sin\varphi f(\theta, \varphi) \quad (2\text{-}30)$$

其中,E_0 为电场振幅,θ 为俯仰面角度,φ 为方位面角度。

$$f(\theta, \varphi) = \frac{\sin\left(\frac{\beta W}{2}\sin\theta\sin\varphi\right)}{\frac{\beta W}{2}\sin\theta\sin\varphi} \cos\left(\frac{\beta L}{2}\sin\theta\cos\varphi\right) \quad (2\text{-}31)$$

其中,β 为相位常数。当 φ 取值为 0° 和 90° 时,可分别得到天线的 E 面和 H 面的辐射方向图。

在工程上,贴片天线常采用的馈电技术包括微带线侧馈、同轴探针底馈、口径耦合、临近耦合等。通过选取特定的贴片形状或工作模式,添加适应性的元件负载,贴片天线可以灵活地实现频率、极化和方向图的优化调谐及可重构设计[9]。

2.偶极子天线

在天线技术百余年的演进历程中,以偶极子天线为代表的线天线是最古老且应用最广泛的一种天线类型,常作为各种新型天线的设计基础[10]。偶极子天线的基本结构及半波偶极子天线的电流分布如图 2-25 所示。偶极子天线采用一组平衡的双线传输线从中心处进行馈电激励,通常近似认为对称两臂上的电流分布呈正弦分布,两端电流为 0,可记作:

$$I(z) = I_m \sin\left[\beta\left(\frac{L}{2} - |z|\right)\right], \quad |z| < \frac{L}{2} \tag{2-32}$$

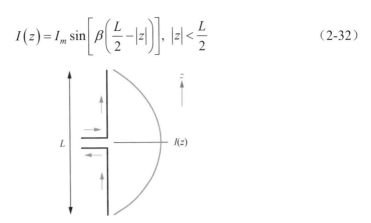

图 2-25　偶极子天线的基本结构及半波偶极子天线的电流分布

其中，β 为相位常数，L 为天线总长度，I_m 为天线上的最大电流，z 为 z 轴某点的坐标。偶极子天线的电长度直接决定了其电流分布，进而决定了远场方向图的形状。特别地，当 $L=\lambda/2$ 时，偶极子天线两臂上的电流始终保持同相位，在垂直于偶极子天线的方向上产生最强辐射，称之为半波偶极子天线。当 $L>\lambda$ 时，每相隔二分之一波长将会出现反相位电流。将偶极子天线视为沿 z 方向分布的连续线源，通过对电流分布进行积分可以得到辐射电场。

随着偶极子天线长度的增加，波束宽度逐渐变窄，方向性随之增强。当电长度大于一个波长时，反相位电流的存在将引起辐射抵消效应，形成多瓣辐射。相比之下，半波偶极子天线的应用更普遍，其辐射电阻约为 73 Ω，易与馈线实现良好的阻抗匹配。

参考文献

[1]　KRAUS J D, MARHEFKA R J. 天线[M]. 3 版. 章文勋，译. 北京：电子工业出版社，2006.

[2]　邓长江. 多模式协同分析法在小型天线设计中的应用[M]. 北京：清华大学出版社，2019.

[3]　KAHN W. Active reflection coefficient and element efficiency in arbitrary antenna arrays[J]. IEEE Transactions on Antennas and Propagation, 1969, 17(5): 653-654.

[4]　KALFA M, HALAVUT E. A fast method for obtaining active S-parameters in large uniform phased array antennas[C]// IEEE International Symposium on Phased Array Systems and Technology. Piscataway, USA: IEEE, 2013: 684-688.

[5] ZHANG C, LAI Q, GAO C. Measurement of active S-parameters on array antenna using directional couplers[C]// IEEE Asia Pacific Microwave Conference (APMC). Piscataway, USA: IEEE, 2017: 1167-1170.

[6] BALANIS C A. Advanced engineering electromagnetics[M]. Hoboken: John Wiley & Sons, 1989.

[7] HAMMERSTAD E O. Equations for microstrip circuit design[C]// 5th European Microwave Conference. Piscataway, USA: IEEE, 1975: 268-272.

[8] STUTZMAN W L, THIELE G A. Antenna theory and design[M]. 3rd ed. Hoboken: John Wiley & Sons, 2012.

[9] BALANIS C A. Antenna theory: analysis and design[M]. 3rd ed. Hoboken: John Wiley & Sons, 2005.

[10] KING R W P. The linear antenna——eighty years of progress[J]. Proceedings of the IEEE, 1967, 55(1): 2-16.

第3章　5G移动终端单天线设计

本章介绍 5G 移动终端单天线的阻抗匹配，为多天线设计奠定基础。阻抗匹配是 5G 移动终端单天线设计中的重要指标。实现天线阻抗匹配的方法有多种，主要分为优化天线结构与添加匹配电路两类。其中，匹配电路在工程实践中应用广泛，已经有较为成熟的理论和器件，天线结构优化则与净空和具体天线形式有关，是学术界的一个研究热点。在阻抗匹配的过程中，只从笛卡儿直角坐标系中的反射系数振幅曲线观察阻抗匹配规律往往得不到足够的信息量，容易误判谐振点的数量和位置。Smith 圆图是一种观察阻抗匹配的直观工具，可形象地反映阻抗匹配的效果。因此，本章将首先介绍 Smith 圆图，然后基于 Smith 圆图介绍集总元件在阻抗匹配中的作用，最后介绍几个典型的 5G 移动终端单天线设计实例。

3.1　Smith 圆图

在微波工程中，最基本的运算是反射系数和输入阻抗之间的换算，这种换算在已知特性参数（负载阻抗、特性阻抗、传播常数和长度）的基础上进行。

Smith 圆图是一种把特性参数和工作参数结合起来，通过作图求解的专用工具图。在计算机软件流行的今天，Smith 圆图仍然被广泛使用，它提供了一个使传输线可视化的简便方法。

Smith 圆图适用于任何传输线类型以及任何特性阻抗，为此，可以采用归一化的思想将传输线长度（l）以及阻抗归一化，去除具体工作波长与特性阻抗的影响。
- 定义电长度（θ）：

$$\theta = \beta l = 2\pi \frac{l}{\lambda} \Leftrightarrow 360° \frac{l}{\lambda} \tag{3-1}$$

其中，β 为相位常数，λ 为工作波长。
- 定义归一化阻抗（Z）：

$$Z = \frac{Z_{\text{in}}(Z)}{Z_c} = \frac{1 + \Gamma(Z)}{1 - \Gamma(Z)} \tag{3-2}$$

其中，Γ 为反射系数，Z_{in} 为输入阻抗，Z_c 为特性阻抗。

在预先归一化传输线长度和阻抗的情况下，Smith 圆图具有通用性，即适用于所有工作波长以及所有特性阻抗。

3.1.1 Smith 圆图的组成

Smith 圆图的基本思想是：将电阻圆图、电抗圆图嵌套在反射系数圆内，让一张圆图反映传输线所有工作波长对应的参数关系。

根据传输线原理，Γ 与 Z 满足以下关系：

$$Z = \frac{1+\Gamma(Z)}{1-\Gamma(Z)} = r + ix \tag{3-3}$$

Γ 一般是一个复数，具有实部和虚部：

$$\Gamma = \Gamma_r + i\Gamma_i \tag{3-4}$$

那么，Z 的实部和虚部可用 Γ 的实部和虚部表示，分别得到电阻圆图函数 r 与电抗圆图函数 x：

$$r = F_1(\Gamma_r, \Gamma_i) \tag{3-5}$$

$$x = F_2(\Gamma_r, \Gamma_i) \tag{3-6}$$

也可写作：

$$Z = \frac{1+\Gamma}{1-\Gamma} = \frac{1+\Gamma_r + i\Gamma_i}{1-(\Gamma_r + i\Gamma_i)} = r + ix \tag{3-7}$$

对于实部（电阻）：

$$r = \frac{1-(\Gamma_r^2 + \Gamma_i^2)}{(1-\Gamma_r)^2 + \Gamma_i^2} \tag{3-8}$$

经过变换可得：

$$\left(\Gamma_r - \frac{r}{r+1}\right)^2 + \Gamma_i^2 = \left(\frac{1}{r+1}\right)^2 \tag{3-9}$$

这个等式是一个圆的方程，圆心坐标为（$\frac{r}{r+1}$,0），半径为 1/(r+1)。

对于虚部（电抗）：

$$x = \frac{2\Gamma_i}{(1-\Gamma_r)^2 + \Gamma_i^2} \tag{3-10}$$

经过变换可得：

$$(\Gamma_r - 1)^2 + \left(\Gamma_i - \frac{1}{x}\right)^2 = \left(\frac{1}{x}\right)^2 \tag{3-11}$$

这个等式也是一个圆的方程，圆心坐标为（1, 1/x），半径为|1/x|。

根据式（3-9）和式（3-11），使用描点法可画出电阻圆图和电抗圆图，两种组合即为 Smith 圆图。

以等电阻圆为例，表 3-1 列举了几个典型圆心坐标下的归一化电阻值与半径。

将这些典型值描绘在反射系数圆上可得电阻圆图，如图 3-1 所示。

表 3-1　几个典型圆心坐标下的归一化电阻值与半径

归一化电阻值	圆心坐标		半径
	实部	虚部	
$r=0$	0	0	1
$r=1$	1/2	0	1/2
$r=2$	2/3	0	1/3
$r=\infty$	1	0	0
$r=1/2$	1/3	0	2/3
$r=1/4$	1/5	0	4/5

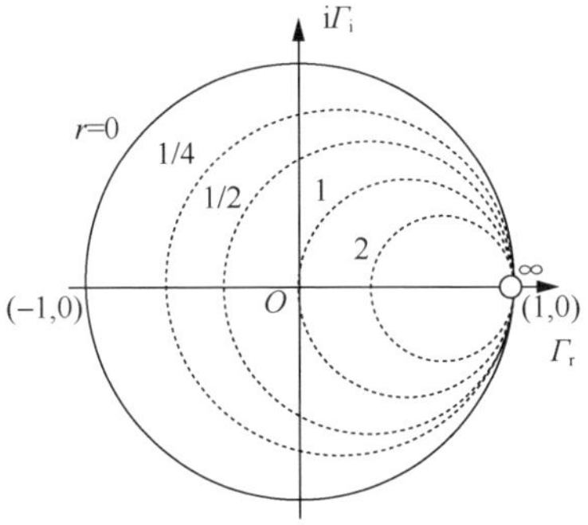

图 3-1　电阻圆图

图 3-1 中的每条曲线对应一个等电阻圆。等电阻圆的物理意义如下：

- 归一化阻抗的电阻部分为固定值；
- 电抗部分可以为任意值；
- 各点对应的电抗值各不相同，对应的反射系数值也各不相同。

电阻圆的特点如下：

- 所有等电阻圆均相切于(1,0)开路点；
- 圆心均在实轴上；
- 实轴上对应 r 的刻度不均匀，左半实轴 $r<1$（小电阻），右半实轴 $r>1$（大电阻），圆心 $r=1$；
- 半径越大（小），对应的归一化电阻值越小（大）；
- 归一化电阻值无穷大时对应(1,0)点（开路点），归一化电阻值等于 0 时对应最外侧的单位圆（纯电抗点）。

类似地，等电抗圆也可用描点法表示。电抗圆图如图 3-2 所示。

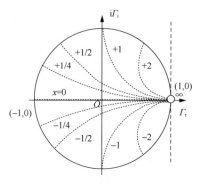

图 3-2　电抗圆图

等电抗圆的物理意义如下：

- 归一化阻抗的电抗部分为某一定值的反射系数轨迹；
- 电阻部分可以为任意值；
- 各点对应的电抗值各不相同，对应的反射系数值也各不相同。

电抗圆的特点如下：

- 所有等电抗圆均相切于(1,0)开路点；
- 圆心均在 $\Gamma_r=1$ 的直线上；
- 单位圆上对应 x 的刻度不均匀；
- 半径越大（小），对应的归一化电抗值越小（大）；
- 归一化电抗值无穷大时对应(1,0)点，归一化电抗值等于 0 时对应实轴上的点为纯电阻点；
- 上半平面为感抗区域，下半平面为容抗区域。

将两个圆图组合在一起，即可形成 Smith 圆图，如图 3-3 所示。等电阻圆与等电抗圆相交，唯一确定的是一个归一化的阻抗值 $r+ix$ 和一个对应的反射系数值。圆图上任意一点对应 4 个参数，即 r、x、$|\Gamma|$、φ（相位），已知前两个参数或后两个参数，均可确定该点在圆图上的位置。

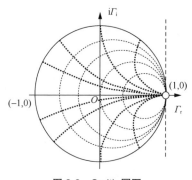

图 3-3　Smith 圆图

3.1.2　Smith 圆图的性质

Smith 圆图的性质可从"点-线-面"3 个层次进行总结。

首先，Smith 圆图上存在 3 个特殊点，分别是最右侧的开路点、最左侧的短路点、中心的匹配点。

其次，Smith 圆图上存在两条特殊的线，即实轴上的纯电阻线和最外侧单位圆上的纯电抗线，线上的点分别只有实部和虚部。负实轴上的纯电阻线为电压波节点，正实轴上的纯电阻线为电压波腹点。

最后，Smith 圆图上存在两个特殊的面，上半平面是感性负载面，下半平面是容性负载面。

3.1.3　为什么 Smith 圆图比回波损耗提供的信息多

初学天线者往往习惯观察回波损耗，或对数形式的 S_{11}，因为笛卡儿坐标系下的矩形图可以用于直观观察谐振点和带宽。然而，这种观察往往存在局限性和误区。比如，根据谐振点数量判断模式的数量，根据谐振深度判断频段的宽窄，都有可能存在错误。下面通过一个例子来说明。

图 3-4 所示为两种天线的反射系数（此处 S_{11} 与反射系数等价）曲线。天线 1 和天线 2 的阻抗匹配都比较差，天线 1 只有一个谐振点，谐振深度较深；天线 2 有两个谐振点，谐振深度较浅。仅从反射系数曲线判断，两个天线的性能接近，都没有很好的阻抗匹配。然而，若分析 Smith 圆图，则会发现两种天线的带宽潜能有显著差异。

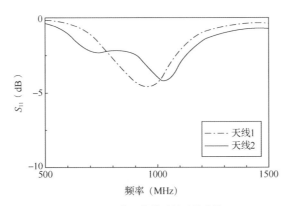

图 3-4　两种天线的反射系数曲线

图 3-5 所示为两个天线的实际结构与 Smith 圆图。可以看到，天线 1 为 L 形单极子，天线 2 为直单极子。从模式角度分析，两个天线都工作在四分之一波长单极子模式，故天线 2 的两个谐振点其实对应的是同一个模式。从天线占用的尺

寸判断，天线 2 应该具有更大的带宽。这里为了说明问题，特意将天线 2 的馈电端口阻抗改成 20 Ω，使其严重失配，在反射系数曲线上呈现出图 3-4 所示的效果。然而，如果基于 Smith 圆图进行分析，可知天线 1 的曲线在 Smith 圆图内跨越了非常大的弧线分布，这表明宽频段匹配非常困难，而天线 2 的曲线在 Smith 圆图内的分布较为集中，只是曲线往右侧偏移，通过适当旋转可轻易实现阻抗匹配。这些信息是无法通过反射系数曲线读取的。

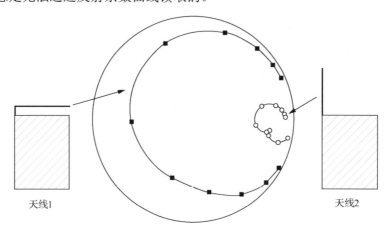

图 3-5　两个天线的实际结构与 Smith 圆图

图 3-6 对比了天线 2 在馈电端口阻抗分别为 20 Ω 和 100 Ω 的情况下的反射系数。当将馈电端口阻抗从 20 Ω 提高到 100 Ω 时，曲线从 Smith 圆图的右侧往中心区域移动，反射系数显著降低，天线带宽得到了极大提升。因此，Smith 圆图可以直观地显示阻抗曲线的移动和带宽潜能，可以比反射系数或电压驻波比曲线提供更多的信息。

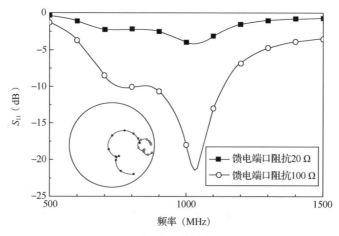

图 3-6　改变天线 2 的馈电端口阻抗

3.2　阻抗匹配

对于手机天线来说，阻抗匹配是需要考虑的最重要的因素之一。一个阻抗匹配良好的手机天线能够将馈入的电磁信号有效辐射到自由空间。实现阻抗匹配的技术有多种，大体上可分为两类：一类是通过优化天线结构调整天线阻抗，另一类是在馈电端口添加集总元件构成匹配电路。虽然两类方法的实现形式不同，但其基本思想是相通的，即让输入阻抗尽量靠近 Smith 圆图的中心区域。由于集总元件借助 Smith 圆图所呈现的工作原理更直观，本节将借助集总元件来解释阻抗匹配。

3.2.1　集总元件的作用

电感、电容和电阻是常用的集总元件。对于天线的阻抗匹配来说，一般不采用电阻元件，因为电阻会引入损耗，使得天线辐射效率大幅降低。电感和电容是常用的感性元件和容性元件，可调节输入阻抗的虚部电抗，调节量由电感和电容大小决定。输入阻抗与电感 L 和电容 C 的关系如下所示：

$$Z_L = i\omega L \tag{3-12}$$

$$Z_C = \frac{1}{i\omega C} \tag{3-13}$$

其中，ω 为频率。考虑到集总元件有并联和串联两种连接方式，单个集总元件有 4 种可能的接入方式，分别是串联电感、并联电感、串联电容和并联电容，如图 3-7 所示。这 4 种方式的匹配效果可直观地在 Smith 圆图上显示。

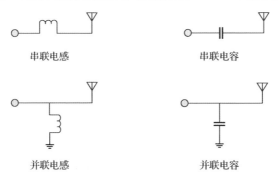

串联电感　　　　　　　　串联电容

并联电感　　　　　　　　并联电容

图 3-7　单个集总元件的 4 种接入方式

图 3-8 所示为单个集总元件在 Smith 圆图上的表现。当添加电感元件时，天线的输入阻抗朝上方的感抗区域移动，其中，串联形式使输入阻抗沿等电阻圆顺时针向上移动，而并联形式使输入阻抗沿等导纳圆逆时针向上移动。当添加电容元件时，天线的输入阻抗朝下方的容抗区域移动，其中，串联形式使输入阻抗沿等电阻圆逆时针向下移动，而并联形式使输入阻抗沿等导纳圆顺时针向下移动。4 种形式的匹配

电路提供了 4 种移动轨迹，可使输入阻抗在一定范围内进行变换，但单个元件提供的自由度过少，阻抗变换存在盲区，往往难以将天线的阻抗移动到中心区域。

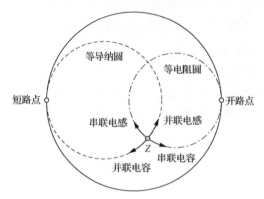

图 3-8　单个集总元件在 Smith 圆图上的表现

3.2.2　单频段阻抗匹配

单个集总元件只能沿着等电阻圆或等导纳圆旋转，阻抗变换范围有限，为实现除短路和开路等极端情况外的任意阻抗匹配，一般可使用两个集总元件。考虑到串联和并联两种方式，以及电感和电容两种元件，理论上可组成 16 种匹配电路，剔除掉重复拓扑网络，还剩 10 种匹配电路。其中，有 4 种匹配电路的应用较为广泛，如图 3-9 所示。

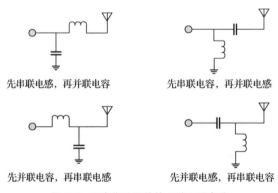

图 3-9　两个集总元件的 4 种匹配电路

这些匹配电路为天线的阻抗匹配提供了灵活多变的选择。同一个天线阻抗有多种匹配形式，即使是同一种匹配形式，也可能存在多种不同集总元件值的选择。以图 3-10 为例，假定天线的输入阻抗在 Smith 圆图的右下角，则既可选择先并联一个电感，也可选择先串联一个电感。而且，在并联了一个电感后，可以选择串联电容或串联电感。若先串联了一个电感，也可选择并联电容或并联电感。所有 4

种匹配电路均可将天线阻抗搬移到 Smith 圆图的中心区域，实现完美匹配。在实际工程中，一般需要根据可选择的商用元件来确定合适的匹配电路。

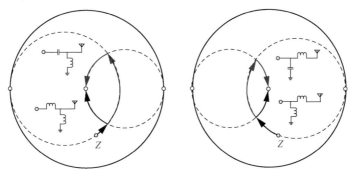

图 3-10　两种匹配方法（左边是先并联电感，右边是先串联电感）

3.2.3　双频段阻抗匹配

双频段阻抗匹配比单频段阻抗匹配复杂一些，而且与两个频段的频率间隔有一定关系。双频段阻抗匹配的基本原则是：先匹配一个频段的阻抗，再选择不影响该频段的集总元件去匹配另一个频段的阻抗。这种方法可视为两个单频段阻抗匹配的级联。比如，若选择先匹配低频段的阻抗再匹配高频段的阻抗的方式，则需要先选择高通元件对低频段的阻抗进行匹配，再级联低通元件对高频段的阻抗进行匹配。由于高通元件对低频段近似直通，低通元件对高频段近似直通，所以可以相对独立地调节两个频段。

常用的低通元件和高通元件如图 3-11 所示。串联电容和并联电感可视为高通元件，用于匹配低频段的阻抗；串联电感和并联电容可视为低通元件，用于匹配高频段的阻抗。若选择先匹配低频段的阻抗再匹配高频段的阻抗的方式，那么需要先选择并联电感或串联电容来匹配低频段的阻抗，再选择串联电感或并联电容来匹配高频段的阻抗。

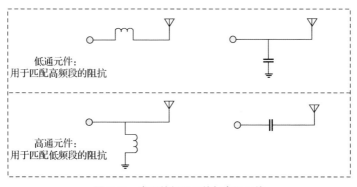

图 3-11　常用的低通元件与高通元件

3.3 单天线研究现状

移动终端在 3 GHz 以下的频段通常包括一个主天线和一个辅助天线。其中，主天线覆盖宽频段，一般可覆盖 698～960 MHz（低频段）和 1710～2690 MHz（中高频段），而辅助天线只覆盖一部分频段，用于提高传输速率和增强健壮性。除了宽频段的覆盖需求，天线小型化也是重要研究方向。本质上，宽频段与小型化是同一个目标的两种不同表述方式，前者侧重固定尺寸下的带宽扩展，后者侧重固定频率下的尺寸缩减。本节将调研单天线设计中的宽频段、小型化技术手段，包括元件加载、多谐振体、容性耦合馈电、频率可重构等技术。

3.3.1 元件加载技术

元件加载技术是指在天线辐射结构或馈电电路中加载元件以提升天线性能或缩小天线尺寸的技术，具体的实现形式分为集总元件加载和分布式元件加载两种。集总元件包括电感和电容，电阻由于存在损耗一般不用于天线匹配；分布式元件则是指用微带线构造的等效电感或电容。元件加载为天线匹配提供了额外的自由度，尤其是电感和电容凭借高通或低通等频率响应，在双频段阻抗匹配中更灵活。

集总元件的使用方式多样，既可以加载在天线辐射结构中以改变辐射电流的路径和长度，也可以加载在馈电电路中以改善阻抗匹配。文献中给出了一些典型的元件加载的终端天线设计，包括使用集总元件加载[1-3]和分布式元件加载[4-6]。例如，在一个 L 形单极子上加载了一个 27 nH 的集总电感[1]，将单极子三次模的谐振频率从三倍频拉到了二倍频，且基模的长度也从 0.25 个波长减小到 0.17 个波长，在 900 MHz 和 1900 MHz 处形成了两个宽频段；在一个立体弯折的单极子上加载了一个 1.8 pF 的集总电容[2]，将单极子弯折以减小尺寸和降低谐振频率，电容加载用于在关注频段内产生双谐振，单个偶极子即可覆盖 690～1070 MHz 和 1710～2750 MHz 频段；在馈电端口的匹配电路上加载集总元件[3]，用于构造匹配网络，辐射体为折叠环结构，两个电容和一个电感构成了一个 Π 形高通电路，可在不影响高频段的情况下在低频段产生一个额外的谐振点，可覆盖 740～960 MHz 和 1600～2860 MHz 频段；在折叠单极子的两个臂之间构造分布式的 C 形耦合线来引入分布式电容[4]，通过控制交趾形结构的间距可以改变电容的大小，可覆盖 733～1150 MHz 和 1705～2680 MHz 频段；在寄生单极子与地板之间引入分布式电感[5]，通过控制微带线的长度来改变电感大小，单个单极子即可覆盖 690～1180 MHz 和 1670～2890 MHz 频段；在靠近馈电端口附近给单极子并联了一个分布式电感[6]，通过控制线圈数量改变电感大小，同样实现了宽频段覆盖。

3.3.2　多谐振体技术

多谐振体技术是指在一个天线结构中构造多个分支或添加多个谐振结构，通过组合多个谐振模式扩展带宽的技术。一般地，在低频段可组合两个谐振模式来形成双谐振，在高频段可利用低频段谐振结构的高次模以及其他谐振体的基模形成多谐振，通过两个频段的多模协同来扩展带宽。

移动终端天线的谐振体形式多样，组合后的设计更加灵活。文献[7]～[10]给出了多谐振体的常用组合形式。例如，使用两个四分之一波长的开口槽[7]，长槽的四分之一波长模式工作在 900 MHz 频段，四分之三波长模式工作在 1800 MHz 频段，短槽的四分之一波长模式工作在 1800 MHz 频段，3 个模式组合后扩展了带宽；将四分之一波长的单极子与二分之一波长的环组合在一起[8]，两个谐振模式组合后扩展了带宽；使用一个多分支驱动单极子和一个寄生分支[9]，在低频段和高频段分别产生 2 个和 4 个谐振点，这些模式组合后的带宽可覆盖 698～960 MHz 和 1710～2690 MHz 频段；将一个驱动分支与地分支组合[10]，两个分支的基模在低频段形成了双谐振，两个分支的三次模在高频段形成了双谐振。

3.3.3　容性耦合馈电技术

容性耦合馈电技术是指馈线与主辐射体没有直接相连，而是通过容性耦合馈电。这种馈电方式引入了分布式电容，且电容大小可通过馈线与主辐射体的耦合面积与间距调节，额外增加了优化自由度。

文献[11]～[14]给出了容性耦合馈电的具体设计，馈线为单极子形式，主辐射体结构包括 PIFA 和单极子等形式。例如，将 PIFA 结构用于折叠手机天线设计，PIFA 的平面贴片下方有一个 L 形单极子，该单极子在低频段起容性耦合馈电作用，在高频段可作为辐射结构扩展带宽，可在折叠和打开状态下都实现良好的阻抗匹配；两个开口槽通过一个 L 形单极子馈电，槽天线弯折形成三维结构，两个槽天线在低频段和高频段产生了两个谐振，单极子在高频段产生另一个谐振，3 个谐振组合后的带宽可覆盖 890～1000 MHz 和 1710～2993 MHz 频段；驱动天线为一个短单极子，寄生天线为一个双分支单极子，寄生分支通过立体弯折的方式塞进移动终端，该结构通过容性耦合馈电可覆盖 698～960 MHz 和 1710～2690 MHz 频段；T 形驱动单极子与两个长的寄生单极子形成容性耦合馈电，且寄生单极子使用分布式电感增加调节自由度，两个寄生单极子的基模和三次模可分别在低频段和高频段谐振。

3.3.4　频率可重构技术

可重构技术是指通过开关等可重构器件改善天线电性能的技术，包括频率可重构、极化可重构、方向图可重构等技术。由于移动终端主要关注频段的覆盖，本节聚焦频率可重构移动终端天线的研究现状。

频率可重构技术通过引入变容二极管或射频开关等状态可调器件来动态调整天线的工作频率，实现超宽频段的分时覆盖。根据可调器件的位置，可重构技术包括天线可重构技术和电路可重构技术。两种可重构技术的基本思想类似，即动态改变辐射结构或匹配电路的阻抗，使输入端口在设计频率处实现阻抗匹配。频率可重构技术发展较为成熟，目前广泛应用在手机等移动终端中。文献[15]～[18]中给出了几款典型的频率可重构移动终端天线设计。例如，在折叠的环结构上加载一个 PIN 二极管，天线在 PIN 二极管导通时工作于环模式，在 PIN 二极管断开时工作于两个四分之一波长单极子模式，这些模式的谐振频率不同，可用于覆盖不同频段[15]；将两个 PIN 二极管加载在水平金属条上，天线在两个二极管导通时工作于环模式，在左侧二极管导通、右侧二极管断开时工作于 PIFA 模式，两个模式及其高次模可动态覆盖 880～960 MHz 和 1710～2170 MHz 频段[16]；在金属边框与地板之间有一个宽度为 0.5 mm 的缝隙，缝隙上加载有一个切换电路，可在两条路径中切换，以选择不同的匹配元件，通过切换到不同状态，该结构可动态覆盖695～979 MHz 频段和 1710～2780 MHz 频段[17]；驱动短分支与寄生长分支通过容性耦合馈电，变容二极管加载在驱动短分支上，且寄生长分支可通过开关状态选择是否短路，由于变容二极管的电容大小可连续变化，谐振频率可在 700～960 MHz 之间连续调整[18]。频率可重构技术在不增加天线尺寸的条件下，可成倍扩展天线的带宽，而且适用于非谐振的电小天线，具有鲜明的尺寸优势。

3.4　八频段平面型移动终端天线

本节设计一款用于 5G 移动通信的八频段平面型移动终端天线，天线尺寸为72 mm×8 mm，主要由驱动带（包括 3 个分支）和寄生带（包括 2 个分支）组成。通过适当地合并这些分支的四分之一和四分之三波长模式，天线可以覆盖 5G 低频段（698～960 MHz）和中高频段（1710～2690 MHz）。

3.4.1　天线几何结构

八频段平面型移动终端天线为平面单极子形式，其几何结构如图 3-12 所示，天线为双面板结构，上层为辐射金属条，下层为地板，上、下两层金属结构被印刷在 FR4 介质基板上。介质基板的相对介电常数为 4.4，损耗角正切值为 0.02，平面尺寸为 72 mm×140 mm，厚度为 0.8 mm。天线被印刷在地板边缘，这种布局可以有效提高天线的辐射效率以及扩展工作带宽。

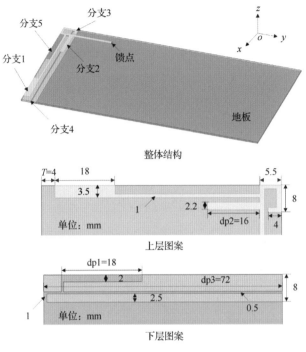

图 3-12　天线几何结构

天线由两部分组成：一部分为与馈电端口直接相连的多分支单极子，直接馈电的部分共有 3 个单极子分支，分别为分支 1、分支 2、分支 3；另一部分为与地板相连的短路线，短路线部分共有两个分支，分别为分支 4、分支 5。其中，分支 4 与地面形成开口槽结构，上方馈线跨过槽激励起四分之一波长模式，在 730 MHz 左右形成谐振点，与分支 1 激励起的四分之一波长单极子模式（900 MHz）联合实现对低频段 698～960 MHz 的覆盖。在中高频段，分支 5 工作在四分之一波长单极子模式，在 1840 MHz 左右形成谐振点；分支 3 和分支 2 工作在四分之一波长单极子模式，分别在 2200 MHz 和 2420 MHz 左右形成谐振点；分支 1 的三次模在 2690 MHz 左右形成谐振点。以上几个模式联合完成了对低频段和中高频段的覆盖。这些模式可通过观察各分支在各谐振点上的电流分布来定义。

3.4.2　设计过程分析

图 3-13 和图 3-14 所示为设计的天线的结构及仿真结果。为了减小手机天线尺寸，首先进行了单分支的设计，结构如图 3-13 中天线 1 所示。使用 HFSS 软件对

天线 1 进行了仿真,从仿真结果中观察到,天线 1 在 850 MHz(模式 2)和 2600 MHz(模式 6)附近有两个谐振点,分别对应单极子结构的四分之一波长模式和四分之三波长模式。

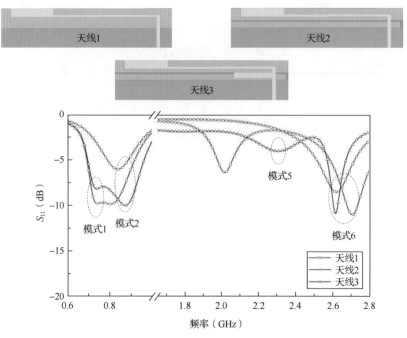

图 3-13 天线 1、天线 2、天线 3 的结构及仿真结果

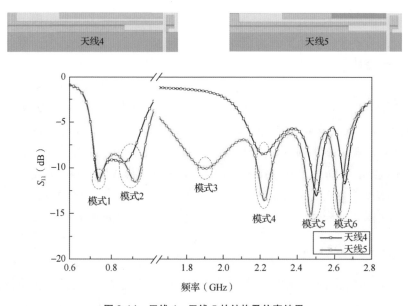

图 3-14 天线 4、天线 5 的结构及仿真结果

　　基于先对低频段进行覆盖的原则，在天线 2 的设计中，增加了接地分支 4，该接地短分支与地板形成开口槽，从仿真结果看，开口槽的四分之一波长模式工作在 730 MHz（模式 1）左右，并且产生高次模。此时低频段有两个谐振点，有望通过调节实现对 698～960 MHz 频段的覆盖，但中高频段匹配较差，后续需通过在单极子天线上添加分支的方法增加中高频段的谐振点。在天线 3 的设计中，在分支 1 旁边添加了分支 2，此时观察仿真结果，可以看到低频段依然有两个谐振点，说明分支 2 并不影响开口槽在低频段的工作模式，并在中高频段产生模式 5，模式 5 源于分支 2 的四分之一波长模式。然后在直接馈电分支上面添加一个弯折分支 3，以增加更多的中高频段谐振点，结构如图 3-14 中的天线 4 所示。可以观察到，分支 3 并不影响低频段的谐振点，但会在中高频段产生模式 4。在接地分支 4 上面添加分支 5，形成最终的天线模型即天线 5。对比天线 4 和天线 5 的仿真结果可以看出，分支 5 增加一个谐振点即模式 3，表明分支 5 可以在 1840 MHz 附近产生谐振点。此时天线实现了对 5G 低频段（698～960 MHz）以及中高频段（1710～2690 MHz）的覆盖。

3.4.3　关键参数分析

　　天线性能与天线物理尺寸有着密切的关联。本设计中的天线尺寸参数较多，本节仅对两个具有代表性的物理参数进行扫描分析，在参数分析过程中，采用控制变量法对相应参数进行分析。

　　首先分析参数 T。参数 T 为分支 1 到手机长边边缘的距离，决定了分支 1 的长度。分支 1 的长度直接影响其四分之一波长单极子和四分之三波长单极子模式，即天线在模式 2 和模式 6 处的谐振。理论上，T 值越大，分支 1 的长度越小，单极子各模式对应的谐振频率越大。在保持其他原有尺寸不变的情况下，仅改变参数 T 的大小（即改变分支 1 的长度），从图 3-15 所示的反射系数曲线中可观察到，随着参数 T 的增大，四分之一波长单极子模式（模式 2）的谐振频率增加，四分之三波长单极子模式（模式 6）的谐振频率也相应增加。分支 1 与地板开口槽平行且距离较近，所以改变分支 1 的长度对开口槽产生的模式 1 的谐振频率也有一定影响。其他模式对应的频率不受参数 T 的影响。参数 T 扫描结果表明，分支 1 产生的四分之一波长单极子模式与四分之三波长单极子模式分别对应天线的模式 2 和模式 6。

　　其次分析参数 dp1。参数 dp1 为分支 5 的长度。由之前的天线设计过程可知，分支 5 将产生四分之一波长单极子模式，中心频率在 1840 MHz 左右，即天线的模式 3。理论上，dp1 变大会增加分支 5 的长度，延长该模式的电流分布路径，所以其相应的谐振频率会下降，即 dp1 变大时，模式 3 的中心频率下降。在保持天线其他尺寸不变的情况下，仅改变参数 dp1 的大小（即改变分支 5 的长度），将

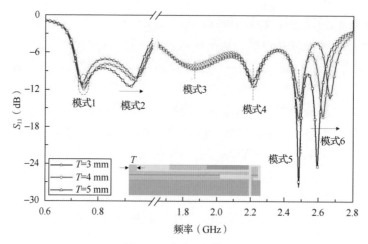

图 3-15　参数 *T* 扫描结果

其从 22.5 mm 变为 24.5 mm，从图 3-16 所示的反射系数曲线中可以看到，模式 3 对应的谐振中心频率会降低。由于各个分支之间距离较近，存在一定的耦合效应，所以低频的两个谐振模式会受到一定影响，不过可以通过调节其他参数来抵消这种影响。中高频段的模式除模式 3 之外，其他模式的中心频率都没有发生变化，说明改变分支 5 的长度对其他谐振模式的影响较小，在实际调节过程中，可以通过改变参数 dp1 单独调整模式 3 的谐振频率。

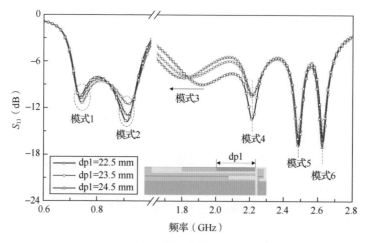

图 3-16　参数 dp1 扫描结果

3.4.4　实验结果

本节对设计的天线进行了加工和测试，图 3-17 所示为组装好的天线模型。图 3-18 所示为测量结果与仿真结果的对比，两者的数据较为吻合。在实际测量时，天线能够实现对 LTE700（704～787 MHz）、GSM850（824～894 MHz）、GSM900（880～960 MHz）、GSM1800（1710～1880 MHz）、GSM1900（1850～1990 MHz）、UMTS（1920～2170 MHz）、LTE2300（2300～2400 MHz）、LTE2500（2500～2690 MHz）等 8 个频段的覆盖。然而，中高频段的一些谐振频率发生了偏移，原因可能有两种：一是加工精度不够，比如金属条宽度及长度方面出现加工误差，FR4 介质基板的介电常数不稳定；二是同轴线焊接过程中 FR4 介质基板的缝隙不能填满，馈电处可能存在误差。

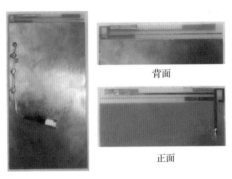

背面

正面

图 3-17　组装好的天线模型

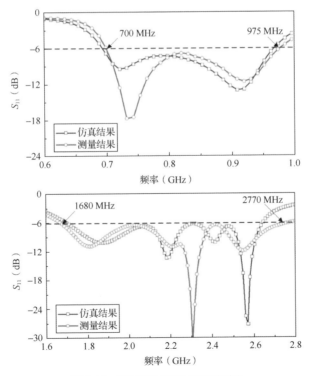

图 3-18　测量结果与仿真结果的对比

图 3-19 所示为天线的辐射效率曲线，从图 3-19 中可以观察到，698～960 MHz 频段的天线的辐射效率普遍高于 60%。在 1710～2000 MHz 频段，天线的辐射效率高于 70%。但是在 2000～2690 MHz 频段，天线的辐射效率在 45%附近波动，该频段天线的辐射效率较低应该是模式 4 和模式 5 相互影响的结果，对应的分支之间的耦合作用较强导致电磁波不能有效辐射。

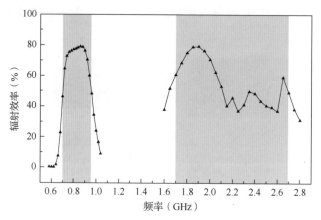

图 3-19　天线的辐射效率曲线

表 3-2 所示为本设计与同类型的手机天线的性能对比，文献[9]、[10]、[19]中设计的天线所占用的地板宽度都超过了 10 mm，不符合手机天线小型化趋势。文献[20]中的天线尺寸相对较小，也能覆盖 5G 移动通信的 8 个频段，但是该天线上加载了集总元件，增加了天线的损耗和成本。

表 3-2　本设计与同类型的手机天线的性能对比

设计	天线尺寸（mm×mm）	覆盖频段	是否加载集总元件
文献[19]	13.5×35.5	七频段	是
文献[20]	10×60	八频段	是
文献[9]	15×60	八频段	否
文献[21]	8×60	七频段	否
文献[10]	15×64	八频段	否
本设计	8×72	八频段	否

注：七频段代表 GSM850、GSM900、GSM1800、GSM1900、UMTS、LTE2300、LTE2500；
　　八频段代表 LTE700、GSM850、GSM900、GSM1800、GSM1900、UMTS、LTE2300、LTE2500。

3.5　基于完整金属边框的七频段天线

手机的金属边框被广泛用于天线设计，因为边框的尺寸可与移动通信频段中的波长相比拟，能够产生谐振点。金属边框与手机地板的组合有各种配置、设计，边框既可以悬浮在地板外沿，也可以与地板相连。其中，后者设计更有吸引力，可以避免静电问题。另外，完整无断点的金属边框能够提供更好的机械强度，还能够抑制用户行为对手机信号的影响。本节介绍一种基于完整金属边框的手机天线设计，使用金属边框充当辐射体，去除了传统的辐射结构，极大减小了天线所占用的净空。

3.5.1　金属边框的本征模

基于特征模理论可在没有外部激励源干扰的情况下分析金属边框本身的谐振特性。在该理论中，λ_n 和 J_n 分别表示第 n 个本征模的本征值和本征电流。如果 λ_n 等于 0，则本征模 n 是可谐振的。可以通过观察谐振频率下的本征电流来识别本征模 n。

图 3-20 所示为金属边框模型。该模型使用了完整无切割的金属边框，手机地板与金属边框之间存在一定宽度的间隙，沿着地板长边两侧的间隙宽度均为 2 mm，沿着地板短边两侧的间隙宽度分别为 2 mm 和 6 mm。连接金属边框和手机地板的两个金属连接条位于地板长边的中点附近。手机地板与金属边框的底部平齐，地板的尺寸为 120 mm×65 mm（忽略地板厚度），金属边框的尺寸为 128 mm×69 mm×6 mm。

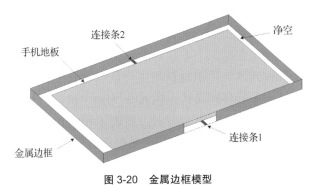

图 3-20　金属边框模型

考虑到所关注的 600～3000 MHz 频段覆盖的频率范围非常广，因此将其分为 600～1200 MHz 和 1200～3000 MHz 这两个频段来分析金属边框的本征模。图 3-21 所示为金属边框模型在 600～1200 MHz 的本征模分布。600～1200 MHz 频段有 3 个可谐振的模式（标记为模式 1～3），3 个模式的谐振频率分别约为 775 MHz、820 MHz 和 1110 MHz。

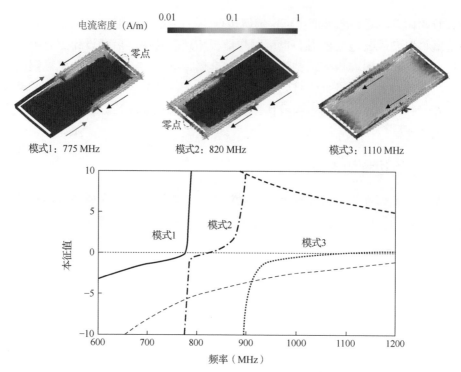

图 3-21　金属边框模型的归一化本征电流分布在 600～1200 MHz 的本征模分布

接下来分析本征电流，从而识别相应的辐射模式。图 3-21 显示了 3 个可谐振的模式在各自的谐振频率下的归一化本征电流分布。金属边框在前两个谐振点上具有强电流，而手机地板在第三个谐振点上具有强电流。这说明模式 1 和模式 2 由金属边框产生，而模式 3 由手机地板产生。从电流分布看，模式 1 和模式 2 都是金属边框的二分之一波长环路模式，模式 3 为沿手机地板长边的二分之一波长模式。如果忽略电流大小只考虑电流方向，模式 1 和模式 2 也可以视作金属边框的偶态和奇态全波长模式，因为连接条两侧的电流方向在模式 1 中相反，在模式 2 中相同。

图 3-22 所示为金属边框模型在 1200～3000 MHz 的本征模分布。考虑到 1200～3000 MHz 频段中的本征模数量较多，图 3-22 中仅绘制了可谐振的模式，共有 6 个可谐振的模式（标记为模式 4～9）。这些模式的谐振频率分别约为 1375 MHz、1550 MHz、2070 MHz、2360 MHz、2630 MHz 和 2900 MHz。图 3-22 也显示了这些模式在各自的谐振频率下的归一化本征电流分布。根据手机地板和金属边框上电流的相对强度，模式 4～8 由金属边框产生，模式 9 由手机地板产生。观察电流分布，模式 4 和模式 5 是金属边框的两倍波长环路模式，模式 6 和模式 7 是金属边框的三倍波长环路模式，模式 8 是金属边框的四倍波长环路模式。这些模式是

金属边框的高次模。与基模类似，高次模也具有偶态和奇态。比较连接条两侧的电流方向，可以得出模式 4、模式 6 和模式 8 为偶态，模式 5 和模式 7 为奇态。此外，电流分布表明，模式 9 是沿手机地板长边的全波长模式。

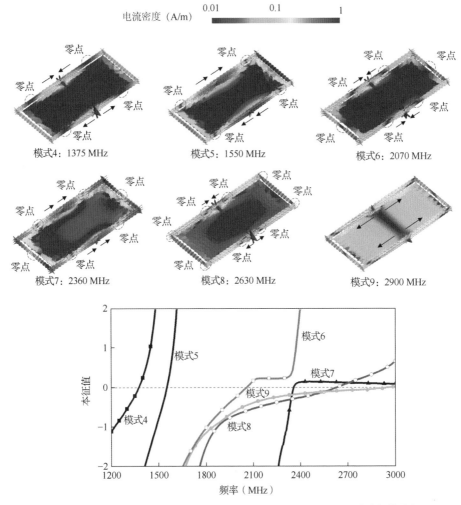

图 3-22　金属边框模型的归一化本征电流分布在 1200～3000 MHz 的本征模分布

　　从本征模分析可知，600～3000 MHz 频段存在多个可谐振的模式，金属边框和手机地板都具有辐射能力。图 3-23 所示为本征模的分类，在 600～3000 MHz 频段内，金属边框和手机地板分别可以提供 7 个和 2 个谐振模式。由于引入了连接条，每个金属边框模式都有偶态和奇态，从而增加了可用模式的数量。

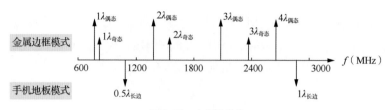

图 3-23　本征模分类

3.5.2　金属边框模型的激励

感性馈电和容性馈电是激励本征模的两种典型方式。由于感性馈电占用天线尺寸很小，本设计采用了这种方式激励本征模。感性激励源应放置在电流出现极大值处，以获得与相应模式的最大耦合。根据本征电流分布，在金属边框模式下，电流集中在两个连接条上。因此，感性激励源应放置在连接条周围。图 3-24 所示为添加外部激励源的金属边框模型。两个连接条将金属边框与地板之间的缝隙分为宽槽和窄槽两部分。感性激励源被放置在宽槽中，可直接激励宽槽的模式，而窄槽的模式通过耦合的方式激励。

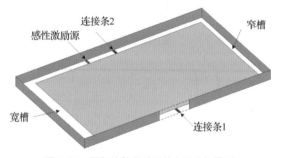

图 3-24　添加外部激励源的金属边框模型

图 3-25 所示为当感性激励源放置在宽槽中，并且距离连接条为 5 mm 时的反射系数曲线。可以观察到低频段中的 2 个模式和高频段中的 3 个模式。在低频段，746 MHz 和 868 MHz 处的模式分布类似于本征电流分布中金属边框的偶态和奇态全波长模式的分布，也可视为窄槽和宽槽的二分之一波长模式。在高频段，1470 MHz 和 2330 MHz 处的电流集中在宽槽的金属边框上，由宽槽的全波长和二分之三波长模式产生。在 2200 MHz 处，连接条两侧的电流方向相反，观察电流零点发现该模式对应窄槽的二分之三波长模式。

即使激励了多个模式，金属边框模型的阻抗匹配仍很差。为进一步拓展带宽，对金属边框模型的参数进行了研究。考虑到金属边框和手机地板的尺寸很难改变，感性激励源和两个连接条的位置是优化带宽的 3 个关键参数。通过扫描这 3 个参数，二分之一波长窄槽模式和二分之一波长宽槽模式被有效地融合，这为低频段提供了大带宽。然而，1710～2690 MHz 频段没有被完全覆盖，需要进一步拓展带宽。

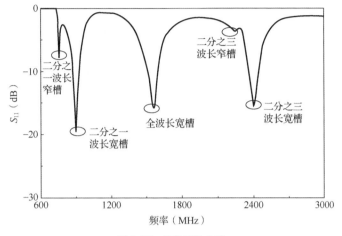

图 3-25　反射系数曲线

由于可用参数的数量有限，需要额外的自由度来覆盖中高频段。图 3-26 所示为改进后的金属边框模型。连接条 2 由 7 nH 的集总电感代替。这种调整主要影响了窄槽的模式，对宽槽的模式几乎没有影响。此外，电感充当低通滤波器，它主要影响高频段中的高阶模式。通过这种调整，低频段几乎不受影响，而高频段的性能可以得到改善。

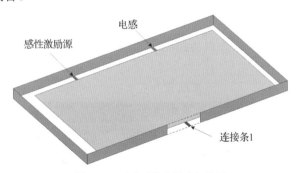

图 3-26　改进后的金属边框模型

图 3-27 所示为有电感和无电感情况下的反射系数曲线。电感的引入增加了 2310 MHz 和 2960 MHz 处的两个谐振点。宽槽的二分之一波长、全波长和二分之三波长模式产生的谐振频率几乎不受影响。通过合并宽槽的全波长模式、二分之三波长模式，以及电感引入的两个模式，高频段的带宽被显著拓宽。为了识别 2 个新引入的工作模式特征，观察这两个谐振频率处的电流分布，发现沿着窄槽分

别有 3 个和 4 个电流零点,这表明这两个谐振是由窄槽的二分之三波长和两倍波长模式产生的。这意味着可以通过引入电感来增加高频段的谐振点数量。

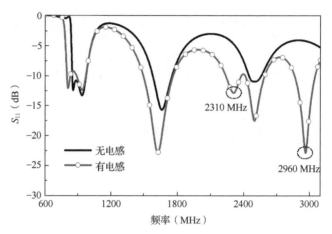

图 3-27　有电感和无电感情况下的反射系数曲线

3.5.3　实物模型验证

最终模型的实物照片如图 3-28 所示。手机地板被印刷在 1 mm 厚的 FR4 介质基板（$\varepsilon_r = 4.4$，$\tan\delta = 0.02$）上,地板尺寸为 120 mm×65 mm。金属边框由 0.6 mm 厚的铜条制成,金属边框尺寸为 128 mm×69 mm×6 mm。采用一根 50 Ω 的同轴电缆给天线馈电。考虑到 FR4 介质基板的介质加载效应,对最终模型中的所有参数进行了重新优化。4 个铜条被焊接在一起,形成一个完整的金属边框。集总电感被焊接在连接条 2 所在的位置。手机地板和金属边框之间的间隙由 FR4 介质基板伸出的 5 个短分支来精确控制。同轴电缆的内导体和外导体分别焊接在金属边框和手机地板上。

图 3-28　最终模型的实物照片

图 3-29 所示为所设计模型的仿真和测量的反射系数曲线。测量结果与仿真结果吻合良好。在低频段和高频段中分别观察到 2 个谐振点和 4 个谐振点。在低频段测量的反射系数为-6 dB 时的带宽为 190 MHz，可覆盖 GSM850 和 GSM900 频段。在高频段测量的反射系数为-6 dB 时的带宽为 1530 MHz，覆盖 GSM1800、GSM1900、UMTS、LTE2300 和 LTE2500 频段。

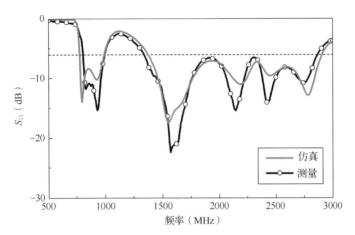

图 3-29　所设计模型的仿真和测量的反射系数曲线

辐射性能是在微波暗室中测量的。图 3-30 所示为所设计模型的仿真和测量的辐射效率。由于存在加工误差和线缆损耗，测量数据略低于仿真数据。测量的辐射效率在低频段（左侧灰色区域）高于 80%，在高频段（右侧灰色区域）处于 65%～85%。由于介质基板内没有较强的电场，所以该设计具有高辐射效率。通过减小阻抗匹配引起的损耗，还可进一步提高高频段的辐射效率。

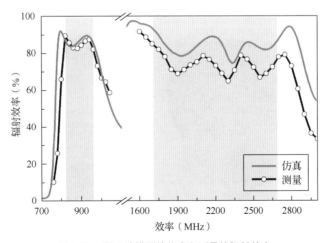

图 3-30　所设计模型的仿真和测量的辐射效率

表 3-3 所示为本设计与其他完整金属边框设计的性能对比[22-25]。所有设计都具有相似的带宽，覆盖 824～960 MHz 和 1710～2690 MHz 频段。与其他设计相比，本设计在减小顶部和底部净空方面具有显著优势。例如，与文献[24]相比，顶部的间隙从 7 mm 减小到 2 mm，底部的间隙从 7 mm 减小到 6 mm。这意味着本设计的离地间隙更小，在移动终端中更实用。此外，本设计在低频段的辐射效率优于其他设计。

表 3-3　本设计与其他完整金属边框设计的性能对比

设计	顶部净空 （mm×mm）	底部净空 （mm×mm）	左右间隙 （mm）	−6 dB 带宽 （频率范围，MHz）	辐射效率 （%）
文献[22]*	3×60	8×60	3	760～960、1510～2720	54～86、50～74
文献[23]	7×70	12×70	2	770～1130、1612～3000	62～79、60～82
文献[24]	7×60	7×60	2	798～968、1440～2950	50～65、60～78
文献[25]	7×70	22×70	2	800～1150、1700-3000	65～90
本设计	2×65	6×65	2	805～995、1340～2870	80～90、65～85

注：*为传统单极子天线。

3.5.4　头手模型的影响

本节研究头手模型对金属边框天线性能的影响。图 3-31 所示为 SAR 评估模型（人头模型），该模型由 CST 软件 2016 版本提供。金属边框天线靠近耳朵（距离为 1 mm），并向垂直线倾斜 60°。对于 GSM850、GSM900 频段，SAR 测试的输入功率为 24 dBm；对于其他频段，SAR 测试的输入功率为 21 dBm。表 3-4 所示为 1g 头部组织的仿真 SAR。对于 1g 头部组织，所有频率下的 SAR 都低于 1.6 W/kg 的 SAR 门限，符合规定。

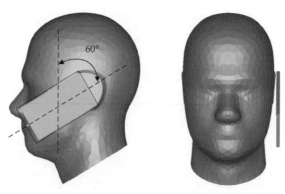

图 3-31　SAR 评估模型

表 3-4　1g 头部组织的仿真 SAR

频率（MHz）	SAR（W/kg）	S_{11}（dB）	辐射效率（%）
859	1.19	−5.9	27.6
925	1.59	−7.9	33
1795	0.37	−9.3	57
1920	0.58	−8.6	49
2045	0.88	−12.1	45
2350	1.23	−12.4	44
2595	0.68	−6.9	49

图 3-32 所示为人手模型，人手直接握住金属边框的不同位置。由于人手模型选择的是不可调整的通用模型，模型中与天线相重叠的部分被挖除。金属边框的顶部、中间和底部 3 个位置用来表示用户的典型手部行为。人手模型的相对介电常数和电导率随频率变化。

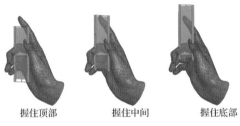

握住顶部　　握住中间　　握住底部

图 3-32　人手模型

添加人手模型后的辐射效率如图 3-33 所示。在 3 个抓握位置处，辐射效率都出现了极大程度的降低。出现这种情况的主要原因是人手是一种有损耗的介质，吸收了相当大一部分功率，导致品质因子较低。这 3 种人手模型的平均辐射效率约为 30%。与在自由空间中相比，大约有 50%的功率被人手吸收。

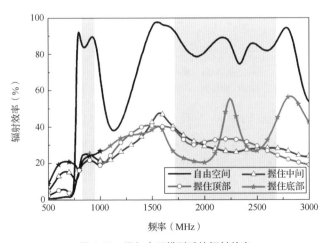

图 3-33　添加人手模型后的辐射效率

3.6　频率可重构的移动终端天线

本节简单介绍一款频率可重构的移动终端天线设计[26]，该设计通过变容二极管动态调整单极子天线的谐振频率，使基模和高次模可分别覆盖低频段和中高频段。需要指出的是，在实际应用中，变容二极管可被一组具有不同电容的并联电容和一个单刀多掷的开关替代，从而降低控制电压的复杂度。

3.6.1　基于变容二极管的可重构天线

首先分析一个简单的单极子天线 ref1，其结构如图 3-34(a)所示。天线通过将 50 Ω 的微带线直接连接到金属边框的方式进行馈电，馈电单极子（开口槽）天线的末端附近被短路到地板，在短路线上串联一个变容二极管[其等效电路模型见图 3-34(b)]，金属边框与地板之间的净空宽度为 1.5 mm。经过对天线的特性进行分析以及多次仿真实验，最终选择的变容二极管型号为 SMV2019-079LF，当变容二极管两端加载的直流电压从 0 V 变化到 20 V 时，电容大小将从 2.1 pF 变化到 0.3 pF。根据数据手册，该型号变容二极管的等效电阻 R_v=4.5 Ω，等效电感 L_v=0.7 nH。

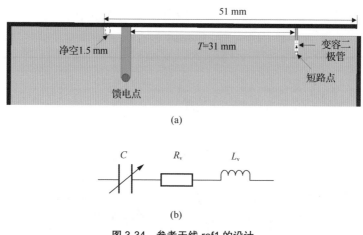

图 3-34　参考天线 ref1 的设计

(a)ref1 的结构　(b)变容二极管等效电路模型

天线 ref1 的仿真结果如图 3-35 所示，开口槽可以激励起四分之一波长和四分之三波长两种工作模式，当变容二极管的电容大小从 0.3 pF 变化到 2.1 pF 时，四分之一波长单极子模式可以实现对 600～980 MHz 这一频段的扫描，四分之三波长单极子模式可以实现对 2380 MHz 以上频段的扫描。不过，5G 移动通信频段中的 GSM1800、GSM1900 和 UMTS 频段并没有被完全覆盖，需要对天线结构进行改进，使天线的动态扫描带宽可以覆盖这些中高频段。

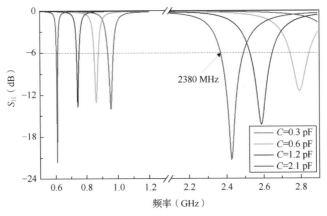

图 3-35　天线 ref1 的仿真结果

在天线设计中，加载电感可以有效缩短电流路径，进而减小单极子分支长度。当设计空间不足，需要将天线金属分支缩短时，可以在适当位置加载电感来补偿电长度的缩减。一般情况下，电感越大，对电长度的补偿越明显。利用这种原理，在短路线上串联电感，四分之三波长单极子模式的电长度被改变，增加串联电感之后的天线结构及仿真结果如图 3-36 所示，串联电感大小为 7.8 nH。通过仿真结果可以看出，当变容二极管的电容大小从 0.3 pF 变化到 2.1 pF 时，四分之一波长单极子模式随变容二极管的变化实现对 600～970 MHz 频段的覆盖，四分之三波长单极子模式的变化使天线实现对中高频段的覆盖。

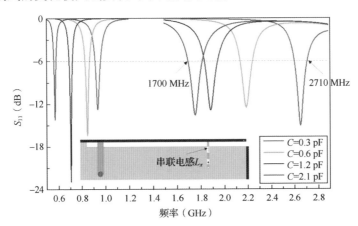

图 3-36　增加串联电感之后的天线结构及仿真结果

3.6.2　关键参数分析

经过设计优化，最终设计的单天线结构如图 3-37 所示，在原本的结构上增加了直流偏置电路，并联电感（$L_1 = 13\ \mu H$）用于隔离交流，串联电容（$C_1 = 100\ nF$）用于隔离直流，使天线馈源的交流信号与变容二极管的直流偏置不会相互影响。

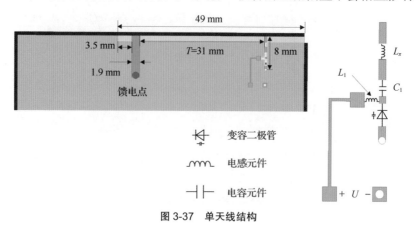

图 3-37　单天线结构

对天线的两个重要参数进行扫描分析。首先对串联电感 L_x 进行分析。本节设计的串联电感将会改变单极子在高频段的有效电长度，直接影响四分之三波长单极子模式的频率扫描范围。理论上，电感越大，单极子有效电长度越长，模式对应的中心频率就会越低，在其他参数和天线尺寸不变的情况下，改变串联电感大小将会影响天线在高频段的频率覆盖范围。从图 3-38 中观察到，当电感由 5.8 nH 变大到 9.8 nH 时，高频段的谐振频率往低频移动。虽然图 3-38 中只给出了变容二极管的电容为 0.3 pF 和 2.1 pF 这两个数值时的结果，但这足以证明串联电感变大时，高频段的频率整体向左偏移。电感为低通元件，一般不会对低频段产生影响，仿真结果也表明改变电感大小对低频段的中心频率并不会有太大影响，最终选择将串联电感 L_x 的大小调整为 7.8 nH，可以满足天线在 1710～2690 MHz 频段的覆盖要求。

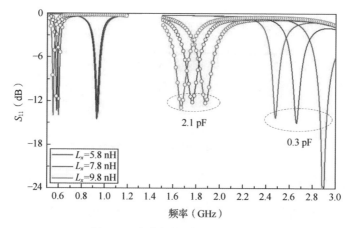

图 3-38　串联电容和电感的扫描结果

　　然后对参数 T 进行分析。参数 T 为短路点到馈线之间的距离，该参数决定了短路点的位置。理论上，改变参数 T 的大小并不会改变单极子长度，即参数 T 的大小并不会影响天线的基模，天线在低频段的谐振不受短路点位置的影响。在保持其他原有尺寸不变的情况下，仅改变参数 T 的大小，参数 T 从 28.6 mm 变化到 32.6 mm。从图 3-39 中可以看到，随着参数 T 的增大，四分之一波长单极子模式的谐振频率基本不变，即改变短路点位置不会影响低频段的谐振。但是在高频段，当 T 值变小，变容二极管电容为 2.1 pF 时的中心频率变低，且谐振深度变浅，变容二极管为 0.3 pF 时的中心频率变高，谐振深度也变浅，说明短路点越靠近馈线，高频段的频率扫描范围越大，不过谐振强度会越弱。综合考虑这两方面的因素，参数 T 被定为 30.6 mm，既能满足高频段的覆盖，又能保证谐振强度不会变弱。

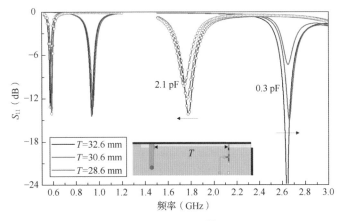

图 3-39　参数 T 的扫描结果

参考文献

[1]　WONG K L, CHEN S C. Printed single-strip monopole using a chip inductor for penta-band WWAN operation in the mobile phone[J]. IEEE Transactions on Antennas and Propagation, 2010, 58(3): 1011-1014.

[2]　WONG K L, LEE C T. Wideband surface-mount chip antenna for eight-band LTE/WWAN slim mobile phone application[J]. Microwave and Optical Technology Letters, 2010, 52(11): 2554-2560.

[3]　WANG P, CAI Z. Planar printed loop antenna with less no-ground space for hepta-band wireless wide area network/long-term evolution mobile handset[J]. Electronics Letters, 2016, 52(15): 1284-1286.

[4] KIM B N, PARK S O, OH J K, et al. Wideband built-in antenna with new crossed c-shaped coupling feed for future mobile phone application[J]. IEEE Antennas and Wireless Propagation Letters, 2010, 9: 572-575.

[5] LEE C T, WONG K L. Planar monopole with a coupling feed and an inductive shorting strip for LTE/GSM/UMTS operation in the mobile phone[J]. IEEE Transactions on Antennas and Propagation, 2010, 58(7): 2479-2483.

[6] WONG K L, WU T J, LIN P W. Small-size uniplanar WWAN tablet computer antenna using a parallel-resonant strip for bandwidth enhancement[J]. IEEE Transactions on Antennas and Propagation, 2013, 61(1): 492-496.

[7] LIN C I, WONG K L. Printed monopole slot antenna for internal multiband mobile phone antenna[J]. IEEE Transactions on Antennas and Propagation, 2007, 55(12): 3690-3697.

[8] CHI Y W, WONG K L. Internal compact dual-band printed loop antenna for mobile phone application[J]. IEEE Transactions on Antennas and Propagation, 2007, 55(5): 1457-1462.

[9] DENG C, LI Y, ZHANG Z, et al. Planar printed multi-resonant antenna for octa-band WWAN/LTE mobile handset[J]. IEEE Antennas and Wireless Propagation Letters, 2015, 14: 1734-1737.

[10] CHU F H, WONG K L. Planar printed strip monopole with a closely-coupled parasitic shorted strip for eight-band LTE/GSM/UMTS mobile phone[J]. IEEE Transactions on Antennas and Propagation, 2010, 58(10): 3426-3431.

[11] WU C H, WONG K L. Ultrawideband PIFA with a capacitive feed for penta-band folder-type mobile phone antenna[J]. IEEE Transactions on Antennas and Propagation, 2009, 57(8): 2461-2464.

[12] CHANG C H, WONG K L. Internal multiband surface‐mount monopole slot chip antenna for mobile phone application[J]. Microwave and Optical Technology Letters, 2008, 50(5): 1273-1279.

[13] YANG C W, JUNG Y B, JUNG C W. Octaband internal antenna for 4G mobile handset[J]. IEEE Antennas and Wireless Propagation Letters, 2011, 10: 817-819.

[14] BAN Y L, LIU C L, LI L W, et al. Small-size coupled-fed antenna with two printed distributed inductors for seven-band WWAN/LTE mobile handset[J]. IEEE Transactions on Antennas and Propagation, 2013, 61(11): 5780-5784.

[15] LI Y, ZHANG Z, ZHENG J, et al. A compact hepta-band loop-inverted F reconfigurable antenna for mobile phone[J]. IEEE Transactions on Antennas and Propagation, 2012, 60(1): 389-392.

[16] PARK Y K, SUNG Y. A reconfigurable antenna for quad-band mobile handset applications[J]. IEEE Transactions on Antennas and Propagation, 2012, 60(6): 3003-3006.

[17] ZHAO W, WANG Y. A reconfigurable antenna with one slit and a small clearance for nona-band metal-bezel mobile phones[J]. IEEE Transactions on Antennas and Propagation, 2023, 71(9): 7172-7183.

[18] LEE W W, CHO Y S. A new frequency-reconfigurable antenna using coupling patterns for mobile handsets[J]. Microwave and Optical Technology Letters, 2015, 57(10): 2333-2336.

[19] LEE S W, JUNG H S, SUNG Y J. A reconfigurable antenna for LTE/WWAN mobile handset applications[J]. IEEE Antennas and Wireless Propagation Letters, 2014, 14: 48-51.

[20] LIU Y, LIU P, MENG Z, et al. A planar printed nona-band loop-monopole reconfigurable antenna for mobile handsets[J]. IEEE Antennas and Wireless Propagation Letters, 2018, 17(8): 1575-1579.

[21] DENG C, LI Y, ZHANG Z, et al. A novel low-profile hepta-band handset antenna using modes controlling method[J]. IEEE Transactions on Antennas and Propagation, 2014, 63(2): 799-804.

[22] YANG Y, ZHAO Z, YANG W, et al. Compact multimode monopole antenna for metal-rimmed mobile phones[J]. IEEE Transactions on Antennas and Propagation, 2017, 65(5): 2297-2304.

[23] BAN Y L, QIANG Y F, CHEN Z, et al. A dual-loop antenna design for hepta-band WWAN/LTE metal-rimmed smartphone applications[J]. IEEE Transactions on Antennas and Propagation, 2014, 63(1): 48-58.

[24] YAN Y, BAN Y L, WU G, et al. Dual-loop antenna with band-stop matching circuit for WWAN/LTE full metal-rimmed smartphone application[J]. IET Microwaves, Antennas & Propagation, 2016, 10(15): 1715-1720.

[25] AZIZ R S, ARYA A K, PARK S O. Multiband full-metal-rimmed antenna design for smartphones[J]. IEEE Antennas and Wireless Propagation Letters, 2016, 15: 1987-1990.

[26] 刘娣. 面向 5G 应用的移动终端多天线研究[D]. 北京：北京理工大学，2020.

第4章 5G移动终端双天线设计

在移动通信的中低频段，放置两个天线是较为合适的设计方案。一方面，放置两个天线可实现优于单个天线的性能；另一方面，中低频段的波长较长，由于手机内的空间有限，一般只能放置两个天线。本章将分别针对 698～960 MHz（低频段）和 1710～2690 MHz（中高频段），提出几种典型的双天线设计方案。

4.1 双天线研究现状

天线单元之间的耦合可以看作一个天线产生的电场对邻近天线的影响。在移动终端中，用于解耦两个天线的方法一般有 4 种。第一种方法是调整天线的布局方式，拉开天线之间的距离，但是该方法会受到设备空间大小的限制，这种方法的改善程度有限。第二种方法是从天线的辐射模式考虑，设计两个模式互相正交的天线，模式的正交可以分为方向图的正交（即方向图指向不同方向），以及辐射场极化形式的正交。模式的正交一般能实现较低的天线耦合。第三种方法是考虑降低地板电流在天线之间产生的耦合，通过设计特定的解耦结构，例如谐振槽等，在天线之间引入寄生谐振槽，减小流向另一个天线的地板电流。第四种方法是引入新的耦合来对消原来天线之间的耦合，常见的方法有设计寄生单元、设计接地分支、引入中和线以及引入解耦网络等。

4.1.1 900 MHz 频段双天线解耦

900 MHz 频段对应的波长约为 330 mm，而典型移动终端的最大尺寸约为 160 mm，不到半个波长，当在移动终端内集成两个 900 MHz 频段的天线时，天线间一般存在较强的耦合，需要使用解耦方法来降低天线之间的耦合。

文献中给出一些典型的工作在 900 MHz 频段的双天线设计[1-5]。例如，两个工作在 710 MHz 频段的单极子天线通过弯折实现小型化，两个天线紧密排列，边到边的距离仅 8 mm，通过在两个馈电端口间引入定向耦合器进行解耦，两个端口间的隔离度可从 2 dB 提升到 25 dB 以上[1]；将两个弯折的单极子天线面对面放置，天线工作于 830 MHz 频段，边到边的距离为 15 mm，通过在两根馈线之间搭建一个 T 形解耦电路，两个端口间的隔离度可从 3 dB 提高到 20 dB 以上[2]；将两个 PIFA 放置在移动终端的两个角落，两个天线之间有一个 T 形寄生分支，通过调整分支的长度可有效降低天线间的耦合，在 770 MHz 频段，两个端口间的隔离度可达 17 dB[3]；两个 PIFA 正交放置在移动终端的长边和短边上，由于两个天线的极化正交，两个端口间的隔离度可达 20 dB，不过端口隔离仍受到天线具体结构的影响[4]；本征模理论用于设计 MIMO 双天线，移动终端的地板沿长边和短边存在两个正交模式，通过 T 形单极子和折叠单极子分别激励后，两个端口间的隔离度在 10 dB 以上[5]。

4.1.2　1800 MHz 频段双天线解耦

1800 MHz 频段对应的波长约为 167 mm，与移动终端的最大尺寸相当，相比低频段来说，实现解耦较为容易。然而，1800 MHz 频段覆盖了 1710～2690 MHz 频率区间，相对带宽较大，需要宽频段解耦网络才能实现整个频段的解耦，一般通过多级级联解耦网络的方式扩展解耦带宽。

文献中给出一些工作在 1800 MHz 频段的双天线设计[6-10]。例如，两个 F 形单极子天线背靠背放置，中间加载有两组寄生分支，用于扩展阻抗带宽和提高端口隔离度，实现 1710～2690 MHz 频段的高隔离[6]；将两个弯折单极子天线面对面放置，两个单极子臂上加载有 3 根中和线，通过控制 3 根微带线的位置和几何尺寸得到三级级联解耦网络，从而在宽频段内实现解耦[7]；两个 L 形开口槽天线被两个单极子激励，实现两个模式的耦合，进而扩展带宽，通过加载两个悬浮的 L 形分支，端口隔离度在 1710～2170 MHz 频段保持 15 dB 以上[8]；两个具有不同弯折形态的单极子天线并排放置，通过在两根馈线上引出两个寄生谐振结构形成级联腔体，可实现端口的高隔离，不过这种强谐振结构的带宽比较小[9]；将本征模理论用于分析移动终端地板在 1710～2690 MHz 频段的特征模，通过选择合适的激励位置放置馈源，即可实现 21 dB 的端口隔离度[10]。

4.1.3　双频段双天线解耦

在单频段基础上，一些研究者尝试进行双频段双天线设计，将两个双频段天线紧密排列，提高天线的集成度。显然，双频段的解耦比单频段的更复杂，辐射结构与解耦结构将占用更大的尺寸。

文献中给出了 4 个可同时工作在 900 MHz 频段和 1800 MHz 频段的双天线设计[11-14]。例如，将两个弯折单极子天线面对面放置，在两个天线的中心区域放置一个 Π 形解耦分支，且分支深入地板中，可以阻断电流，两个天线在 810～970 MHz 和 1360～2800 MHz 频段基本具有 10 dB 的端口隔离度[11]；将两个容性耦合馈电的单极子天线弯折成立体结构，两个寄生分支背靠背地放置于这两个面对面的天线中间，690～960 MHz 频段和 1710～2690 MHz 频段的端口隔离度也在 10 dB 以上[12]；将一个主天线和一个辅天线集成在 60 mm×15 mm×3 mm 的空间内，两个天线之间的空白区域被设计为 USB 接口中的地板，地板的设计有助于降低天线间的耦合[13]；将 4 个单极子天线放置于移动终端地板的 4 个角落，长边一侧的两个天线由于距离较远具有较大的端口隔离度，短边一侧的两个天线通过引入接地分支和集总电感实现解耦[14]。

4.2　900 MHz 频段基于特征模的双天线设计

本征模理论由于能直观分析天线的物理特性，在移动终端天线领域受到越来越多的关注。本征模之间天然正交的性质为移动终端实现 MIMO 天线设计提供了新的解决方案。基于本征模理论，已有许多移动终端 MIMO 天线设计被提出。然而，设计的大部分天线均工作在中高频段。考虑到低频段可利用的本征模更少（一般只有一个本征模是可谐振的），在低频段实现 MIMO 天线设计的难度更大。目前主要有两种方法可以实现低频段 MIMO 天线设计：一种方法是优化天线结构和激励源，这种方法下的带宽通常较小；另一种方法是引入新的结构以提供新的本征模，这种方法在设计上较灵活，但是可能会增大天线的尺寸。本设计基于本征模理论研制了一款新型的移动终端 MIMO 天线。该天线首次让 3 个本征模协同工作，既能够扩展低频段的带宽，也能够实现 MIMO 功能。

4.2.1　金属边框天线建模

金属边框不仅具有较好的机械特性，而且是一种漂亮的装饰。本设计尝试用本征模理论分析手机地板与金属边框在低频段的本征模。

将金属边框和地板组合起来是非常自然且直接的想法。图 4-1 所示为悬浮金属边框模型。地板的尺寸为 120 mm×60 mm。金属边框包裹着地板，边框尺寸为 130 mm×68 mm×6 mm。利用矩量法将模型离散化，计算的本征值如图4-2 所示。图 4-2 中绘制了前 6 个本征值最接近 0 的本征模式。模式 1 和模式 2

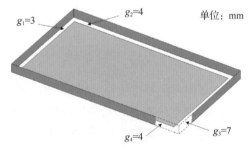

图 4-1　悬浮金属边框模型（ g 代表间隙 ）

的本征值在 800 MHz 附近为 0，模式 3 的本征值在 1 GHz 附近为 0。因此，这 3 个模式在低频段是可谐振的。对比该模型的本征值与只有地板时的本征值可知，模式 3 为地板的本征模，模式 1 和模式 2 为金属边框的本征模。因此，金属边框的引入产生了两个新的谐振。此外，从图 4-2 可以看出，模式 2 和模式 3 对应的曲线较平缓，而模式 1 对应的曲线较陡峭，这说明模式 2 和模式 3 的潜在带宽较大，模式 1 的潜在带宽较小。

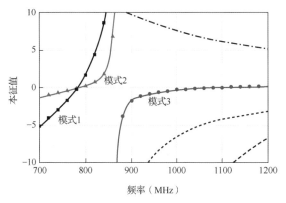

图 4-2　悬浮金属边框模型的本征值

为了进一步确定这 3 个模式的工作状态，对这 3 个模式在各自谐振点上的本征电流分布进行了分析，如图 4-3 所示。模式 1 的电流最大值在金属边框的两短边中点，最小值在两长边中点。而模式 2 的电流最大值在金属边框的两长边中点，最小值在两短边中点。因此这两个模式均为金属边框的全波长模式，而且一个模式的电流最大值的位置对应另一个模式的电流最小值的位置。模式 3 的电流沿着金属边框的两长边分布，对应地板的二分之一波长偶极子模式。从电流分布上可以看出，模式 2 和模式 3 的电流最大值的位置接近，电流最小值的位置也接近。基于此，一个可能的设想是将呈现相似电流分布的模式 2 和模式 3 同时激励，以扩展带宽。

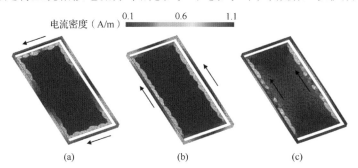

图 4-3　悬浮金属边框模型的本征电流分布
(a)800 MHz 处的模式 1　(b)800 MHz 处的模式 2　(c)1 GHz 处的模式 3

4.2.2　本征模改造

众所周知，天线电流最大值处的电场（电压）为 0。将电流最大值处接地不会对天线的模式造成影响，这就是虚拟短路的概念。在悬浮金属边框模型中，模式 2

和模式 3 电流最大值的位置非常接近，如果在这个位置用金属条将地板和金属边框连在一起，这两个模式应该不会受到影响。图 4-4 中标出了两个可能的短路点的位置。为了简单起见，我们仅考虑只有一个短路点的情况。由于地板和金属边框的间隙不是完全关于两条长边的中点的连线对称，因此短路点的位置与地板长边的中点并未完全重合。

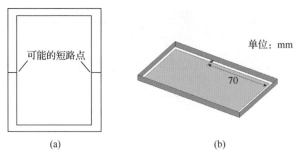

图 4-4　短路金属边框模型
(a)可能的短路点的位置　(b)模型的三维示意

将地板和金属边框短路后，如图 4-5 所示，模式 2 和模式 3 几乎没有受到影响，但是模式 1 消失了。这是因为短路点位于模式 1 的电流零点处，该模式的电流分布遭到了破坏。然而，短路点的引入产生了一个新的谐振模式，即图 4-5 中的模式 4，该模式的本征值在 1100 MHz 处接近 0。1100 MHz 对应的波长为 270 mm，金属边框周长约为 $\frac{3}{2}$ 个波长。因此该模式为金属边框的二分之三周长波长模式。

综上所述，通过引入短路点，本模型损失了模式 1，增加了模式 4。考虑到模式 4对应的曲线比模式 1 对应的平缓，这种改动增加了模型的潜在带宽。

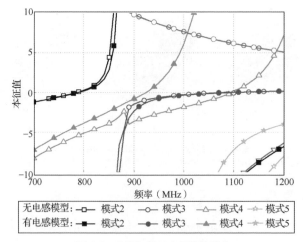

图 4-5　电感加载对本征值的影响

　　为了将模式 4 的工作频率移到移动通信频段，在地板与金属边框的连接处增加了一个电感。图 4-5 展示了加载电感（16 nH）对模型本征值的影响。增加电感后，模式 4 的谐振频率从 1100 MHz 变为 920 MHz，而其他模式几乎没有受到影响。电感在这里充当匹配电路的作用，它能延长模式 4 的有效电流路径，进而降低谐振频率。加载电感后，模式 3 和模式 4 的谐振频率接近，因而可以尝试利用模式 4 实现 MIMO 功能。

4.2.3　添加外部激励源

　　短路金属边框模型已经产生了 3 个谐振频率在 1 GHz 以下的本征模。根据电流分布，模式 2 和模式 3 可能被同一个馈源激励以扩展带宽，模式 4 可能与模式 3 构成 MIMO 通道。为了验证这个猜想，图 4-6 展示了添加两个外部馈源的天线模型。端口 1 上的馈源采用的是三维折叠单极子结构，端口 2 上的馈源添加在电感与地板之间。天线的其他参数与短路金属边框模型的相同。

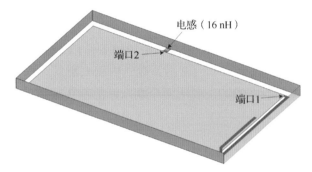

图 4-6　添加两个外部馈源的天线模型

　　图 4-7 分析了不同端口激励下天线的表面电流分布。端口 1 被设计用来激励模式 2 和模式 3，而端口 2 被设计用来激励模式 4。模式 2 的谐振频率为 800 MHz，由于频率相隔较远，其与模式 4 的耦合较小。模式 3 和模式 4 的谐振频率接近，这两个模式的正交性需要重点分析。当端口 1 激励时，地板上的电流较大，而且沿着地板的长边分布，这表明模式 3 被激励。当端口 2 激励时，电流集中在金属边框上，而且边框上出现了 3 个清晰的电流零点，这说明模式 4 被激励。此外，短路点两侧的电流在两种激励下有不同的分布，即端口 1 激励时表现为同向电流，端口 2 激励时表现为反向电流。这种差别对增大端口隔离度非常重要。

　　图 4-8 所示为不同端口馈电时各模式（模式 3～模式 5）的归一化激励系数。由于在 920 MHz 处其他模式的归一化激励系数的振幅很小，图 4-8 中给出了模式 3～模式 5 的归一化激励系数的计算值。在两种馈电结构的激励下，模式 3 和

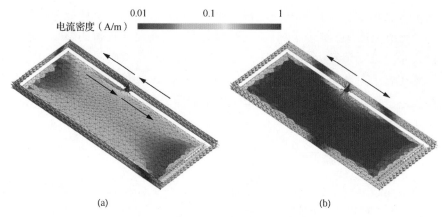

图 4-7　不同端口激励下天线的表面电流分布
(a)端口 1 激励　(b)端口 2 激励

模式 4 的归一化激励系数的振幅均较大，这说明不论是端口 1 还是端口 2 馈电，这两种模式均是主要的谐振模式。然而，这两种模式的归一化激励系数的相位表现有较大差别。具体体现在：模式 3 在这两种馈电结构激励下的归一化激励系数的相位保持不变，模式 4 在两种馈电结构激励下的归一化激励系数的相位相差 180°。两个端口间的隔离度可以用激励系数的内积来衡量。基于图 4-8 所示的数据，激励系数的内积为 0.0207，表明两个端口间的耦合较小。

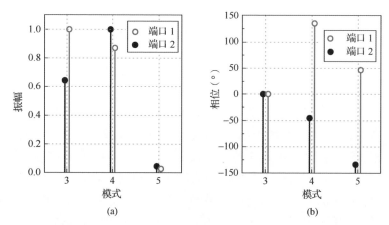

图 4-8　不同端口馈电时各模式（模式 3～模式 5）的归一化激励系数
(a)振幅　(b)相位

在特征模分析基础上，HFSS 被用来进一步验证模型的可行性。图 4-9 所示为 MIMO 天线仿真的 S 参数。端口 1 的反射系数曲线有两个明显的谐振点。-6 dB 带宽为 254 MHz（778～1032 MHz），覆盖了 GSM850 和 GSM900 频段。端口 2 的反射系数曲线只有一个谐振点。-6 dB 带宽为 77 MHz（888～965 MHz），基本覆盖了 GSM900 频段。在两个端口重合的带宽内，端口间的隔离度在 10 dB 以上。

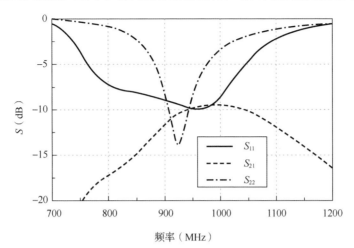

图 4-9　MIMO 天线仿真的 S 参数

4.3　1800 MHz 频段基于特征模的双天线设计

在过去的几十年里，人们提出了各种各样的方法降低天线间的耦合。其中，在双天线设计中，引入阻带结构或耦合可控结构的方法非常流行，这些方法可以阻断或抵消原有的耦合。解耦结构有多种类型，如缝隙、缺陷地结构、寄生分支和中和线。尽管这些设计可以实现高隔离，但引入的解耦结构占用了额外的天线空间。为了解决这个问题，有些学者设计了解耦电路，使用集总元件来构建解耦网络。然而，这种方法会增加额外的成本。近年来，特征模理论已被应用于移动终端天线的设计。金属地板的本征模自然正交，可用于实现端口高隔离。目前，面向移动终端已有许多基于特征模理论的 MIMO 天线设计被报道。然而，移动终端中可用的本征模的数量有限，单个模式的带宽较小，在 MIMO 天线中实现宽频段设计是困难的。

合理布置天线位置是实现低耦合的另一种方法。相关文献主要可分为 3 种类型。第一种类型利用了不同的天线位置和/或不对称馈电端口位置[15-16]。例如，文献[16]提出了由 IFA 和单极子组成的双天线系统，端口隔离度达到 20 dB。第二种类型是将两个天线放置在地板边缘的正交位置[17]，由于极化正交，两个天线间的耦合度很低。第三种类型是将两个天线放置在地板的顶部和底部[18-21]，两个天线的间距被拉大，使得耦合度减小。在文献[20]中，两个倒 L 形天线被放置在地板的对角线上，在 1710～2690 MHz 频段实现了端口高隔离。然而，这些设计一般都需要较大的净空尺寸。

为了实现小净空设计，本节提出一种工作在 1710～2690 MHz 频段的紧凑型平面双天线设计。将馈电端口放置在地板的角落并将天线放置在地板的顶部和底部，可以同时实现大带宽和端口高隔离，合并多个模式的带宽后可以进一步扩展带宽。每个天线的净空仅为 5 mm×30 mm。

4.3.1 手机地板的本征模

首先应用本征模理论对手机地板的本征模进行分析。本征值可通过以下方程计算：

$$X(J_n) = \lambda_n R(J_n) \qquad (4-1)$$

其中，X 和 R 分别是从电场积分方程获得的阻抗矩阵 $\boldsymbol{Z}$ 的虚部和实部。J_n 和 λ_n 分别是第 n 个模式的本征电流和本征值。如果 λ_n 等于 0，则模式 n 在该频段是可谐振的。

基于特征模理论，使用自行编制的代码计算尺寸为 120 mm×65 mm 的手机地板的本征值，如图 4-10 所示。从图 4-10 中可以观察到，1500～3000 MHz 存在多个本征模式。其中，有 4 个模式的本征值曲线穿过零点，表明这 4 个模式是可谐振的。图 4-11 显示了 2.2 GHz 下这 4 个谐振模式的本征电流。通过电流分布可以清楚地识别这些模式。在所有模式中，地板 4 个角落的电流强度都很弱。这意味着，如果在其中一个角落放置馈电端口，将激励起多个模式。因此，手机地板的角落是单天线设计中引入馈电端口的最佳位置。

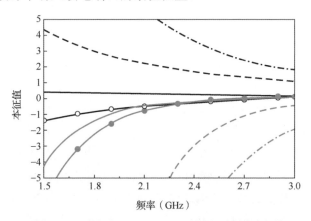

图 4-10 尺寸为 120 mm×65 mm 的手机地板的本征值

为了定量评估馈电端口位置对带宽的影响，比较了两个典型的馈电端口位置。一个馈电端口位置在地板的角落（边缘馈电），另一个在地板短边的中部（内部馈电）。在 1710～2690 MHz 频段，2200 MHz 被视为中心频率。L 形单极子被用作馈源。

图 4-12 显示了边缘馈电和内部馈电的 L 形单极子的几何形状。在这两种情况下，单极子的结构是相同的，但需要调整长度以使两个单极子天线在相同的频率下谐振。图 4-13 显示了边缘馈电和内部馈电时仿真的反射系数曲线。两个单极子天线的谐振频率均为 2200 MHz，但边缘馈电的谐振深度和阻抗带宽参数更佳。边缘馈电不仅在带宽性能上优于内部馈电，在结构小型化方面也优于内部馈电。

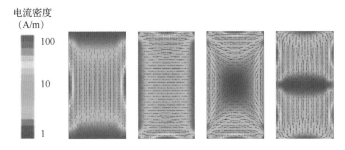

图 4-11　2.2 GHz 下 4 个谐振模式的本征电流

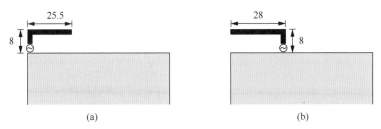

(a) (b)

图 4-12　边缘馈电和内部馈电的 L 形单极子的几何形状（单位：mm）
(a) 边缘馈电　(b) 内部馈电

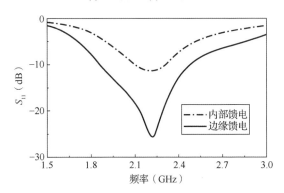

图 4-13　边缘馈电和内部馈电时仿真的反射系数曲线

4.3.2　双天线配置

接下来分析边缘馈电与内部馈电两种馈电方式下双天线配置的性能。在单天线设计中已知边缘馈电比内部馈电具有优势，但这个优势是否在组成 MIMO 天线时仍适用，需要进一步的研究。为了找到双天线配置的最佳排布，对各种双天线模型进行了比较。

图 4-14 所示为基于 L 形单极子的双天线系统的两种配置。在这两种配置中，两个天线（即两个端口）被放置在地板同一侧。类型 A 和类型 B 分别采用边缘馈电和内部馈电。仿真的反射系数结果表明，双天线的谐振频率与单天线的谐振频率相似。然而，这两种配置的端口隔离度都很差，类型 B 的峰值端口隔离度为 9.5 dB，类型 A 的峰值端口隔离度仅为 7.2 dB。如果要求将两个天线放置在地板的同一侧，则边缘馈电不适合 MIMO 天线设计。

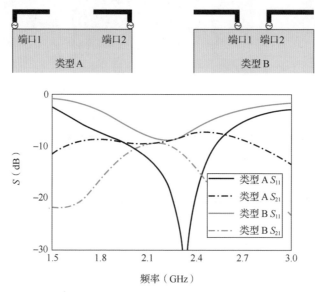

图 4-14　两个天线被放置在地板同一侧时的两种配置和反射系数曲线

为了分析各模式对总辐射场的贡献，对总电流进行分解。由馈源激励的总电流 J 可以表示为各本征电流的线性叠加：

$$J = \sum \alpha_n J_n \tag{4-2}$$

其中，α_n 是第 n 个模式的加权系数，即归一化激励系数。使用以下方程对所有模式贡献的辐射功率进行归一化处理：

$$\sum_n |\alpha_n|^2 = 1 \tag{4-3}$$

图 4-15 显示了在不同端口激励下 2.2 GHz 处的 α_n。无论哪个端口被激励，每个模式的振幅都是相同的，但每个模式的相位并不总是相同的。当端口 1 或端口 2 被激励时，有些模式的相位恒定不变，而有些模式存在 180° 的相位差。这一现象将被用于高隔离设计。

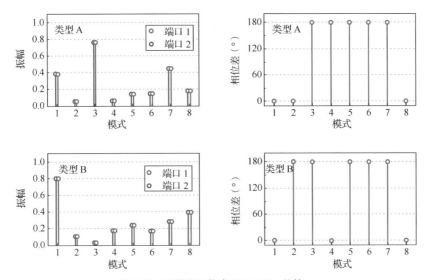

图 4-15　不同端口激励下 2.2 GHz 处的 α_n

为了利用边缘馈电的带宽优势，图 4-16 给出了另外两种配置。在这两种配置中，两个端口被放置在地板的顶部和底部（即地板长边两侧）。结果表明，类型 C 的谐振深度要深得多，类型 C 和类型 D 的峰值端口隔离度分别为 17.5 dB 和 9.1 dB。类型 C 不仅在带宽上有更好的性能，在隔离度方面也有更好的性能。比较类型 B 和类型 D 发现，尽管天线间距增加了，但类型 D 的隔离度性能没有显著改善。这是一个很好的、可以用来反驳通过增加距离可以降低耦合的说法的例子。

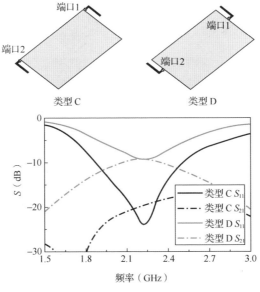

图 4-16　两个天线被放置在地板的顶部和底部时的两种配置和反射系数曲线

图 4-17 展示了不同端口激励下两种配置的 α_n。当端口 1 或端口 2 被激励时，α_n 的振幅不会改变，但对于某些模式，α_n 的相位可能会翻转 180°。

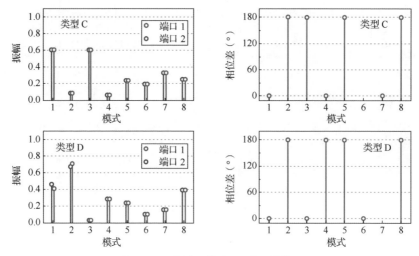

图 4-17　不同端口激励下两种配置的 α_n

最后分析了两个天线分别位于地板长边两侧和对角线两侧的模型，如图 4-18 所示。类型 E 中的两个天线的间距最大。然而，类型 E 的端口隔离度比类型 C 更小。这进一步表明，端口隔离度并不总是随着天线距离的增加而增大。

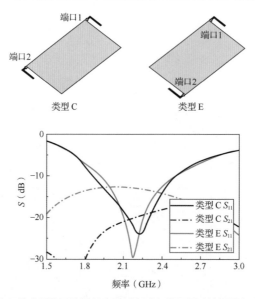

图 4-18　两个天线分别位于地板长边两侧和对角线两侧时的配置和反射系数曲线

归一化激励系数的相位是决定端口隔离度的内部因素。为了从模式的角度评估端口隔离度，计算了由端口 1 和端口 2 激励的两个电流分布之间的正交性。设 J_{port1} 和 J_{port2} 分别为当端口 1 和端口 2 被激励时天线上的电流，这两个电流的内积表示如下：

$$J_{port1} \cdot J_{port2} = \left(\sum \alpha_{n,1}\right) \cdot \left(\sum \alpha_{n,2}^*\right) = \sum \alpha_{n,1} \cdot \alpha_{n,2}^* \tag{4-4}$$

其中，$\alpha_{n,1}$ 表示端口 1 被激励时的第 n 个模式的归一化激励系数，$\alpha_{n,2}$ 表示端口 2 被激励时的第 n 个模式的归一化激励系数。图 4-19 显示了不同端口激励下各模式的 α_n。考虑到两端口激励模式的激励振幅相同，相位差为 0°或 180°，式（4-4）的结果为实数。

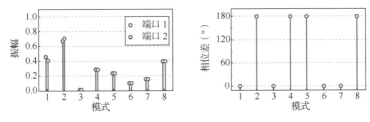

图 4-19　不同端口激励下各模式的 α_n

表 4-1 列出了不同类型配置在 2.2 GHz 的内积计算值。类型 C 的内积计算值很小，这表明该配置的各电流之间是高度不相关的，很好地说明了其能实现端口高隔离的原因。

表 4-1　不同类型配置在 2.2 GHz 的内积计算值

类型	内积
A	0.655
B	0.641
C	0.028
D	0.547
E	0.437

从以上分析可知，类型 C 是双天线设计中最有希望的候选者，该类型使用边缘馈电技术，并将天线放置在地板长边的两侧，既实现了大带宽，又实现了端口高隔离。接下来将重点介绍覆盖整个 1710～2690 MHz 频段的 MIMO 天线设计。

4.3.3　宽频段 MIMO 天线设计

由于 L 形单极子只有一个谐振模式被激发，其带宽在有限的空间中不足以覆盖中高频段。下面将介绍通过激发多个谐振模式来扩展带宽。

图 4-20 所示为所设计的宽频段 MIMO 天线的结构。两个天线位于手机地板的右上角和右下角，使用的 FR4 介质基板（ε_r=4.4, tanδ=0.02）的尺寸为 130 mm× 65 mm×1 mm。净空尺寸为 5 mm×30 mm，由 3 个分支（一个驱动单极子分支和两

个寄生分支）组成。L 形驱动单极子分支由 50 Ω 微带线馈电，两个寄生分支的长度不相等，较短分支的线宽为 0.5 mm。在较长的分支上刻蚀一个尺寸为 0.4 mm×16 mm 的金属区域。所有参数均通过 HFSS 软件进行优化。

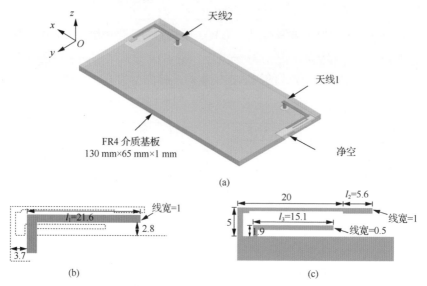

图 4-20　宽频段 MIMO 天线的结构（单位：mm）
(a)三维立体结构　(b)驱动单极子分支　(c)寄生分支

MIMO 天线的仿真 S 参数如图 4-21 所示。-10 dB 带宽为 1075 Hz，覆盖 1685～2760 MHz。在 1760 MHz、2250 MHz 和 2690 MHz 处有 3 个谐振点。整个频段的端口隔离度高于 18 dB。

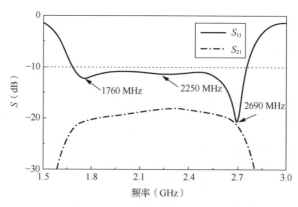

图 4-21　MIMO 天线的仿真 S 参数

为了确定 3 个谐振点对应的辐射结构，观察了 3 个谐振点处的电流分布。如图 4-22 所示，电流在不同频段集中在不同分支上。在 1760 MHz 处，较长寄生分支上的电流信号较强，而在 2250 MHz 和 2690 MHz 处，驱动单极子分支和较短寄生分支上的电流信号较强。因此，可从 3 个分支的电流信号强弱确定这 3 个谐振点对应的主辐射结构。此外，从主辐射结构的电流分布可知，这 3 个谐振点对应的模式都是四分之一波长模式。

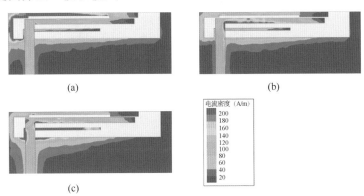

图 4-22　3 个谐振点处的电流分布

（a）1760 MHz　（b）2250 MHz　（c）2690 MHz

对所有参数进行研究，以找到能够调谐这 3 个模式的谐振频率的关键参数。根据电流分布，较长的寄生分支、驱动单极子分支和较短的寄生分支是与 1760 MHz、2250 MHz 和 2690 MHz 这 3 个谐振点相对应的主辐射结构。因此，3 个分支的长度应该能够有效地调谐模式的谐振频率。图 4-23 显示了反射系数随 3 个参数变化的趋势。由于端口隔离度足够高，为了简单起见，图 4-23 中并未显示端口隔离度曲线。从各曲线的变化可以看出，l_2（较长寄生分支的长度）的增加主要降低了第一个谐振点的频率，其他两个谐振点几乎没有受到影响。随着 l_1 的增加，即驱动单极子分支的长度变长，第二个谐振点的频率逐渐降低。类似地，随着 l_3 的变化，即较短寄生分支的长度改变，第三个谐振点的频率也会发生改变。参数扫描结果表明这 3 个模式的谐振频率可以独立调谐。

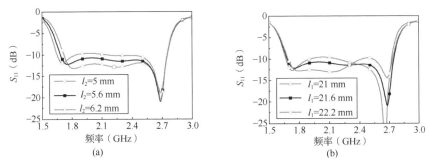

图 4-23　反射系数随 3 个参数变化的趋势

（a）l_2　（b）l_1　（c）l_3

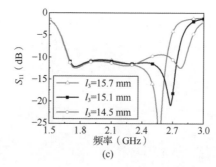

图 4-23 反射系数随 3 个参数变化的趋势（续）

（a）l_2 （b）l_1 （c）l_3

4.3.4 实物加工验证

为了验证模型的性能，测量所设计的 MIMO 天线的性能。图 4-24 所示为加工的天线实物。天线被印刷在一块平面电路板上，两个天线分布在介质基板的两个角落，由两根同轴电缆馈电。顶部和底部的净空尺寸均为 5 mm×30 mm。

图 4-24 加工的天线实物

仿真和测量的 S 参数如图 4-25 所示，可以清晰地观察到 3 个谐振点（S_{22} 曲线与 S_{11} 曲线相似，此处未展示）。仿真值和测量值之间存在一些误差。这些误差可能是由 FR4 介质基板的介电常数波动和加工误差引起的。端口 1 和端口 2 测量的-10 dB 带宽分别为 1006 MHz（1708～2714 MHz）和 1071 MHz（1704～2775 MHz）。两个端口都可覆盖 1710～2690 MHz 频段。在两个端口的重合频段内，测得的端口隔离度大于 19 dB。

在微波暗室测量 MIMO 天线的辐射性能。考虑到 MIMO 天线的两个端口是相同的并且关于 y 轴对称，只给出了端口 1 被激励时的结果。当端口 1 被激励时，端口 2 接有 50 Ω 匹配负载。仿真和测量的辐射效率如图 4-26 所示。可以看出，在 1710～2690 MHz 频段，测量的辐射效率为 60%～80%。

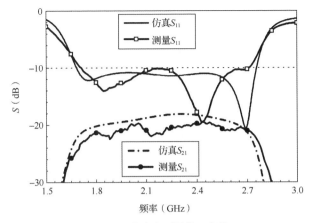

图 4-25　仿真和测量的 S 参数

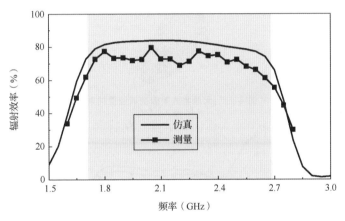

图 4-26　仿真和测量的辐射效率

表 4-2 所示为本设计与其他参考文献中 MIMO 天线的性能对比。所有设计都可以覆盖 1710～2690 MHz 频段，且端口隔离度大于 10 dB。与其他天线相比，本设计大大减小了天线和总净空尺寸，并提高了端口隔离度。

表 4-2　本设计与其他参考文献中 MIMO 天线的性能对比

设计	天线位置	天线尺寸（mm×mm）	总净空（mm×mm）	−10 dB 带宽（频率范围，MHz）	隔离度（dB）	辐射效率（%）
文献[6]	地板长边单侧	17×60	17×60（×1）	1670～2750	15	79～89
文献[22]	地板长边单侧	15×60	15×60（×1）	1660～2840	15	79～81
文献[23]	地板长边单侧	15×60	15×60（×1）	1680～2700	15	57～86
文献[18]	地板长边两侧	>9×39	9×39（×2）	1700～2850	12	84～86
文献[20]	地板长边两侧	>14.5×65	14.5×65（×2）	1700～2900	16	83～89
本设计	**地板长边两侧**	**5×25.6**	**5×30（×2）**	**1690～2770**	**19**	**60～80**

注：第 4 列的（×1）表示 1 个天线，（×2）表示 2 个天线。

4.3.5 用户行为的影响

本节研究人手模型对所设计的 MIMO 天线性能的影响。图 4-27 所示为天线与人手模型的位置关系，人手直接抓住手机的基板，人手模型与天线相重叠的部分被扣除。带人手模型的天线的仿真 S 参数和辐射效率如图 4-28 所示。可以看出，S 参数几乎不受手握的影响，因为手不会直接接触两个天线。然而，多端口激励时的辐射性能却大不相同。端口 2 由于放置在手机顶部，其辐射效率几乎不受人手的影响，而端口 1 由于被人手直接遮挡，其辐射效率仅为未遮挡的 30%左右，主要原因是有损耗的人手模型吸收了天线 1 辐射的大部分能量。这说明 MIMO 天线设计可有效消除人手的影响。

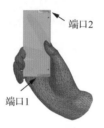

图 4-27　天线与人手模型的位置关系

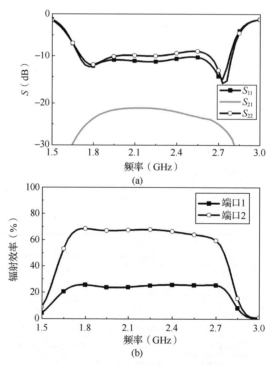

图 4-28　带人手模型的天线的仿真 S 参数和辐射效率
（a）S 参数　（b）辐射效率

参考文献

[1]　BHATTI R A, YI S, PARK S O. Compact antenna array with port decoupling for LTE-standardized mobile phones[J]. IEEE Antennas and Wireless Propagation Letters, 2009, 8: 1430-1433.

[2]　CHEOR W L, Al-HADI A A, SOH P J, et al. A decoupling network for resonant and non-resonant sub-1 GHz MIMO mobile terminal antennas with improved compactness and efficiency[J]. IEEE Access, 2021, 9: 59475-59485.

[3]　LEE B, HARACKIEWICZ F J, WI H. Closely mounted mobile handset MIMO antenna for LTE 13 band application[J]. IEEE Antennas and Wireless Propagation Letters, 2014, 13: 411-414.

[4]　LEE W W, RHEE B H. Characterization of performance of a mobile MIMO antenna in free space[J]. IEEE Antennas and Wireless Propagation Letters, 2013, 12: 1153-1156.

[5]　LI H, MIERS Z T, LAU B K. Design of orthogonal MIMO handset antennas based on characteristic mode manipulation at frequency bands below 1 GHz[J]. IEEE Transactions on Antennas and Propagation, 2014, 62(5): 2756-2766.

[6]　WANG Y, DU Z. A printed dual-antenna system operating in the GSM1800/GSM1900/UMTS/LTE2300/LTE2500/2.4-GHz WLAN bands for mobile terminals[J]. IEEE Antennas and Wireless Propagation Letters, 2014, 13: 233-236.

[7]　WANG Y, DU Z. A wideband printed dual-antenna with three neutralization lines for mobile terminals[J]. IEEE Transactions on Antennas and Propagation, 2013, 62(3): 1495-1500.

[8]　KANG G, DU Z, GONG K. Compact broadband printed slot-monopole-hybrid diversity antenna for mobile terminals[J]. IEEE Antennas and Wireless Propagation Letters, 2011, 10: 159-162.

[9]　ZHAO L, YEUNG L K, WU K L. A coupled resonator decoupling network for two-element compact antenna arrays in mobile terminals[J]. IEEE Transactions on Antennas and Propagation, 2014, 62(5): 2767-2776.

[10]　KISHOR K K, HUM S V. A two-port chassis-mode MIMO antenna[J]. IEEE Antennas and Wireless Propagation Letters, 2013, 12: 690-693.

[11]　ZHU J, FENG B, PENG B, et al. Multiband printed mobile MIMO antenna for WWAN and LTE applications[J]. Microwave and Optical Technology Letters, 2017, 59(6): 1446-1450.

[12] WANG S, DU Z. A dual-antenna system for LTE/WWAN/WLAN/WiMAX smartphone applications[J]. IEEE Antennas and Wireless Propagation Letters, 2015, 14: 1443-1446.

[13] WONG K L, KANG T W, TU M F. Internal mobile phone antenna array for LTE/WWAN and LTE MIMO operations[J]. Microwave and Optical Technology Letters, 2011, 53(7): 1569-1573.

[14] ZHANG S, ZHAO K, YING Z, et al. Adaptive quad-element multi-wideband antenna array for user-effective LTE MIMO mobile terminals[J]. IEEE Transactions on Antennas and Propagation, 2013, 61(8): 4275-4283.

[15] ZHOU X, LI R L, TENTZERIS M M. A compact broadband MIMO antenna for mobile handset applications[J]. Microwave and Optical Technology Letters, 2011, 53(12): 2773-2776.

[16] LEE W W, JANG B. 2×2 MIMO antenna system with different antenna types for mobile terminals[J]. Microwave and Optical Technology Letters, 2016, 58(6): 1337-1340.

[17] ZHAO K, ZHANG S, YING Z, et al. SAR study of different MIMO antenna designs for LTE application in smart mobile handsets[J]. IEEE Transactions on Antennas and Propagation, 2013, 61(6): 3270-3279.

[18] ALJARAFREH S S, HUANG Y, XING L, et al. A low-profile and wideband PILA-based antenna for handset diversity applications[J]. IEEE Antennas and Wireless Propagation Letters, 2015, 14: 923-926.

[19] ZHANG S, ZHAO K, YING Z, et al. Investigation of diagonal antenna-chassis mode in mobile terminal LTE MIMO antennas for bandwidth enhancement[J]. IEEE Antennas and Propagation Magazine, 2015, 57(2): 217-228.

[20] SHOAIB S, SHOAIB I, SHOAIB N, et al. MIMO antennas for mobile handsets[J]. IEEE Antennas and Wireless Propagation Letters, 2015, 14: 799-802.

[21] VASILEV I, PLICANIC V, LAU B K. Impact of antenna design on MIMO performance for compact terminals with adaptive impedance matching[J]. IEEE Transactions on Antennas and Propagation, 2016, 64(4): 1454-1465.

[22] WANG Y, DU Z. A wideband printed dual-antenna system with a novel neutralization line for mobile terminals[J]. IEEE Antennas and Wireless Propagation Letters, 2013, 12: 1428-1431.

[23]　HUANG H F, WU J F. Decoupled dual-antenna with three slots and a connecting line for mobile terminals[J]. IEEE Antennas and Wireless Propagation Letters, 2015, 14: 1730-1733.

第5章 5G移动终端多天线设计

随着 5G 标准的全面推行，移动终端天线针对 5G 系统进行了一些升级，主要体现在两方面。一方面是新频段的支持。为了满足更高无线传输速率的需求，5G 增加了新的 Sub-6 GHz 频段。2015 年，世界无线电通信大会（WRC-15）划分了 3300～3600 MHz 频段作为 5G 的新增频谱。2017 年，工业和信息化部发布相关文件，确定了我国 5G 的工作频段[1]。这要求终端天线在兼容 4G 频段的基础上，覆盖新增的 Sub-6 GHz 频段。另一方面是高阶 MIMO 技术的支持。MIMO 技术通过在基站和移动终端同时布置多个独立的天线，可成倍地提高频谱利用率，是提升无线传输速率的重要手段。在 4G 移动终端中，同频段 MIMO 天线的数量一般为 2 个，传输速率的提升倍数相对有限。把更多的天线整合到 5G 移动终端内已成为移动终端天线设计的发展趋势。为了满足 5G 传输新需求，一般需要在 5G 移动终端内集成 6～10 个工作在新增的 Sub-6 GHz 频段的天线[2]。

本章针对 5G 移动终端这一应用平台，研究受限空间内工作在 3300～6000 MHz 频段的 MIMO 天线的小型化技术，为 5G 移动终端天线设计提供新的解决思路。

5.1 MIMO 多天线研究现状

3300～6000 MHz 频段对应的波长较短，在移动终端内可以集成多个天线以实现高阶 MIMO 功能。常见的天线形式包括线天线和面天线，其中，线天线通常安装在手机地板长边两侧，面天线通常安装在手机后盖内，针对这两种天线形式，有大量设计被提出。

5.1.1 线天线

3300～6000 MHz 频段的线天线设计与 900 MHz、1800 MHz 频段的天线设计类似，主要的天线形式为单极子天线，可利用空间是手机地板长边两侧的区域，天线集成在金属边框上。全面屏的发展要求天线的净空尽量小，且 MIMO 天线模块占用的尺寸也尽量小。

文献[3]～[7]中给出了几个工作在 3600 MHz 频段的双天线设计。例如，两个 L 形单极子面对面放置，边到边的间距仅 1 mm，两个天线的开路端通过一个集总电感相连，该电感充当解耦结构，通过优化电感值可将端口隔离度从 5 dB 提升到 15 dB 以上[3]；两个面对面放置的单极子被当作一个槽天线，水平电场由端口 1 激励，通过两个单极子直接馈电，垂直电场由端口 2 激励，通过 L 形单极子耦合馈电，实现了 16 dB 的端口隔离度[4]；两个弯折的单极子经历了镜像翻转操作，被放置在手机地板长边的两侧，由于镜像原理，天线 1 的镜像电流路径与天线 2 的镜像电流路径呈中心对称，无须使用解耦结构即可实现 10 dB 的端口隔离度[5]；一个 T 形单极子与一个 U 形偶极子被放置在手机地板的上下两侧，通过单极子馈电可实现共模激励，通过偶极子容性耦合馈电可实现差模激励，从而获得良好的隔离度[6]；利用共模/差模理论解耦[7]，两个馈电端口共用同一个辐射体，一个具有 180° 相位差的功分电路被用来提供差模所需要的相位，端口隔离度高于 16.5 dB[7]。

在单频段 MIMO 天线设计的基础上，一些双频段 MIMO 天线设计被提出。文献[8]～[11]中给出了 4 个典型的双频段 MIMO 天线设计。例如，镜像翻转技术被应用于双频段 MIMO 天线设计，天线 1 采用容性耦合馈电的双频段单极子形式，可工作在 3400～3600 MHz 和 5725～5875 MHz 频段，镜像翻转解耦依然适用于双频段天线设计，端口隔离度在 12 dB 以上[8]；天线由 T 形开口缝隙和双分支单极子组成，可工作在 2450～2690 MHz 和 3400～3800 MHz 频段，两个天线通过宽频段中和线进行解耦，端口隔离度在 10 dB 以上[9]；两个背靠背的容性耦合单极子紧密排列，每个单极子具有两个分布在手机地板两侧的分支，通过在两个单极子中间添加寄生分支，天线可在 3400～3600 MHz 和 4800～5000 MHz 频段谐振，且端口隔离度在 17.5 dB 以上[10]；共模/差模理论被用于双频段天线设计，其中，T 形开口缝隙和 T 形单极子均通过集总元件加载被改造为双频段单元，天线可工作在 3400～3600 MHz 和 4800～4900 MHz 频段，且端口隔离度在 11.8 dB 以上[11]。

除了双频段设计，宽频段设计也激发了众多研究人员的研究兴趣。宽频段设计的基本原理与双频段设计的类似，重点在于设计宽频段天线单元和宽频段解耦结构。文献[12]～[15]中给出了一些典型的宽频段 MIMO 天线设计。例如，通过多分支谐振技术设计了可覆盖 3300～6000 MHz 频段的天线单元，8 个天线单元之间通过保持一定的单元间距来降低单元耦合[12]；两个单极子背对背放置，驱动单极子与寄生单极子通过容性耦合馈电，寄生单极子与手机地板直接相连，可有效降低天线间耦合，在 3300～6000 MHz 频段内的端口隔离度高于 10 dB[13]；两个背靠背的单极子竖直放置在手机地板上方，两个单极子中间的寄生分支和 T 形缺陷地分支不仅可扩展带宽，也可降低天线间耦合，天线在 3300～6000 MHz 频段内的隔离度高于 15 dB[14]；两个具有不同路径长度的单极子紧密排列在一起，通过控制两条路径的长度和弯折程度可使馈电端口处的多条耦合路径对消，在 3300～5000 MHz 频段内保持 20 dB 以上的端口隔离度[15]。

5.1.2　面天线

面天线的安装位置一般位于手机后盖内，这就要求面天线的剖面尽量低，此外，考虑到 MIMO 多天线的需求，天线净空需要尽量小。目前，有众多面天线结构被提出，包括单天线、双天线、四天线及更多天线单元的集成。

文献[16]～[19]中给出了双频段或宽频段双天线结构。例如，短路柱被用来控制寄生腔体与驱动腔体的磁耦合，开口缝隙被用来生成双频段谐振，天线在 1 mm 的剖面高度下覆盖了 3400～3600 MHz 和 4800～5000 MHz 频段[16]；短路柱与开口缝隙被用来改变微带贴片天线的性能，通过激励多个模式扩展带宽，在 1.7 mm 的剖面高度下可覆盖 3300～4200 MHz 频段[17]；同一个微带贴片天线的共模/差模被激励，用来实现双天线设计，微带贴片天线中心线上加载有两个短路柱，两侧各有一个 U 形缝隙用来调整共模/差模的谐振频率，该结构在 3 mm 的剖面高度下覆盖了 4800～4900 MHz 频段，且端口隔离度在 25 dB 以上[18]；4 个 PIFA 单元组成了两对磁偶极子，通过调整短路柱的数量和位置，天线在 1.2 mm 的剖面高度下可覆盖 4300～5500 MHz 频段，且端口隔离度在 22 dB 以上[19]。

文献[20]～[25]中给出了四天线或八天线的集成设计。例如，4 个微带贴片天线按顺序旋转放置，每个天线内部加载有若干个短路柱，相连天线之间的空隙内也加载有短路柱，天线在 2.5 mm 的剖面高度下覆盖了 3300～5000 MHz 频段，且 4 个天线之间的隔离度在 12 dB 以上[20]；4 个磁天线按顺序旋转放置，由于每个磁天线的辐射口面处于天线中间区域，天线之间的隔离度较高，天线在 0.5 mm 的剖面高度下覆盖了 3400～3600 MHz 和 4800～5000 MHz 频段[21]；4 个天线按顺序旋转放置，微带贴片天线上刻有 4 个 I 形缝隙和 1 个环形缝隙，中心区域有十字形短路柱，天线在 2 mm 的剖面高度下覆盖了 4250～5130 MHz 频段[22]；类似地，在方形微带贴片天线上刻蚀不同的缝隙来改善天线性能[23-24]；将环形微带贴片天线分割成更多的扇形单元，通过添加短路柱改善天线性能，8 个天线在 1.4 mm 的剖面高度下覆盖了 5900～7200 MHz 频段，且端口隔离度高于 10 dB[25]。

5.2　基于奇偶模理论的高隔离天线对

本节设计一款基于奇偶模（或共模/差模）理论的高隔离天线对，通过激励两个面对面放置的天线单元的奇模和偶模，构造方向图分集，进而实现天线的高隔离。

5.2.1　两个面对面天线单元的模式分集

下面分析两个面对面天线单元的激励方法。天线单元采用平面单极子形式，具有制作简单、成本低等优点。L 形单极子被进一步折叠以减小单元尺寸。手机中的双单元 MIMO 天线的几何结构和尺寸如图 5-1 所示。两个面对面单元沿着手机地板长边的边缘放置，并且相对长边的中心对称。天线单元和地板印刷在 0.8 mm 厚的 FR4 介质基板（ε_r=4.4，$\tan\delta$=0.02）上。两个天线单元印刷在介质基板的上表面，并且占据 25 mm×3.5 mm 的空间。两个天线单元的边到边的距离为 2 mm。地板印刷在介质基板的下表面，长和宽分别为 140 mm 和 70 mm。MIMO 天线的中心频率设定为 3500 MHz（3.5 GHz）。所有参数均采用 HFSS 软件进行优化。

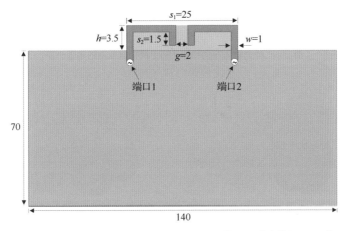

图 5-1　手机中的双单元 MIMO 天线的几何结构和尺寸（单位：mm）

两个单元在同相和 180°反相激励时的电流分布如图 5-2 所示。由于天线靠近地板，地板上镜像电流的方向与单极子上水平电流的方向相反，导致单极子水平段的辐射能力较差，因而辐射方向图主要由垂直段提供。在同相激励中，两个单极子上的电流方向相同，垂直段可以视作具有同相激励的双单元阵列，该阵列在天顶方向上具有最大增益。图 5-3(a)显示了相应的三维辐射方向图，主波束指向 z 轴。另外，当两个单元被馈入反相信号时，两个单极子上的电流方向相反，垂直段可以视作具有 180°反相激励的双单元阵列，主波束分裂为两部分。因此，由同相和反相信号激励双单元阵列产生的两个辐射方向图可以实现方向图分集。

图 5-3 所示的三维辐射方向图简单展示了两种激励方式（即辐射模式）的互补性，但这种评估只是定性的。为了定量评估两种辐射模式的正交性，计算基于远场辐射模式的包络相关系数（Envelope Correlation Coefficient，ECC）。具体计算过程参考文献[26]。

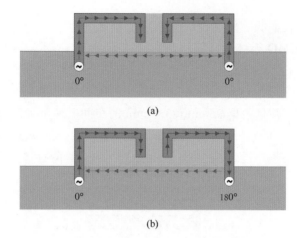

图 5-2 两个单元在同相和 180° 反相激励时的电流分布
(a)同相 (b)180°反相

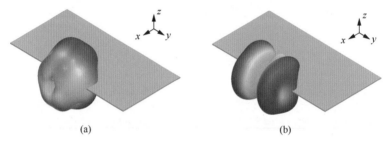

图 5-3 同相与 180° 反相激励时的三维辐射方向图
(a)同相激励 (b)180° 反相激励

表 5-1 所示为 3.5 GHz 频段的辐射方向图的 ECC。方向图 1 和方向图 2 由相应的激励信号确定。P_1 和 P_2 是端口 1 和端口 2 的激励振幅。为了简化计算，假设 P_1 和 P_2 相等。可以看出，同相和反相信号激励的 ECC 比单独激励的 ECC 小得多，这表明同相和反相信号激励的两种辐射方向图是高度不相关的。

表 5-1 3.5 GHz 频段的辐射方向图的 ECC

辐射方向图 1 的激励	辐射方向图 2 的激励	ECC
P_1	P_2	0.162
P_1 0°+ P_2 0°	P_1 0°+ P_2 180°	0.013

5.2.2 紧凑型两端口馈电网络设计

为了同时提供同相和 180°反相激励，本节提出紧凑型两端口馈电网络设计。众所周知，鼠笼结构是传统的产生同相和反相馈电的四端口网络。然而，本设计中的两个天线单元之间存在强耦合，两个输出端口不满足鼠笼结构中输出端口相互隔离的要求，而且鼠笼结构的尺寸较大。

图 5-4 所示为所设计的两端口馈电网络与天线。与鼠笼结构相比，两端口馈电网络的尺寸要小得多。馈电网络的两条馈线直接与单极子辐射体相连，两个馈电端口通过 50 Ω 微带线从馈电网络的中心和边缘引出，易于与地板上的电路平面集成。

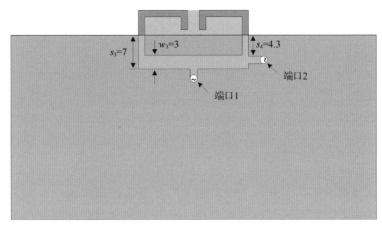

图 5-4　所设计的两端口馈电网络与天线（单位：mm）

首先讨论同相和反相激励的工作机理。当端口 1 被激励时，由于该端口位于馈电网络的对称轴上，与两个单极子上的两条电流路径的距离相等，因此端口 1 提供同相激励。当端口 2 被激励时，该端口与两个单极子上的两条电流路径的距离之差为二分之一波长（3.5 GHz 对应的介质波长），这意味着端口 2 提供反相激励。图 5-5 所示为不同端口激励下的 MIMO 天线的电流分布。

然后对端口隔离度进行分析。在图 5-5(a)中，端口 1 位于电流的最小值处，端口 2 位于电流的最大值处。在图 5-5(b)中，端口 1 位于电流的最大值处，端口 2 位于电流的最小值处。这些观察结果表明，两个端口之间实现了高隔离。

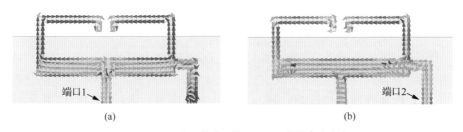

图 5-5　不同端口激励下的 MIMO 天线的电流分布
(a)同相激励　(b)反相激励

下面分析两个端口的相位关系。图 5-6 所示为不同端口激励下的电流路径。

当端口 1 被激励时，该端口与两个单极子上的两条电流路径的距离相等；当端口 2
被激励时，该端口与两个单极子上的两条电流路径的距离之差为二分之一波长。
因此，端口 1 和端口 2 可以分别提供同相激励和反相激励。

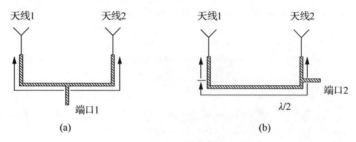

图 5-6　不同端口激励下的电流路径

(a)端口 1　(b)端口 2

　　下面分析端口间的隔离。图 5-7 所示为馈电网络的等效电路。一方面，两个
端口具有直接连接的路径；另一方面，两个单极子紧密排布，两者之间有很强
的耦合，这种耦合引入了从一个端口到另一个端口的耦合路径。两条路径的电
流相位差和振幅比可以通过改变耦合路径的长度和耦合强度来控制。优化处理
后两条路径上的电流具有 180°相位差和相同的振幅，让来自两条路径的电流抵
消，从而实现端口高隔离。如图 5-7 所示，直接路径长度为四分之一波长，耦
合路径长度为四分之三波长，基于两者的长度差可产生所需的 180°相位。在紧
凑型两端口馈电网络中，天线之间的互耦是有益的，这种效果与鼠笼结构的效
果截然不同。

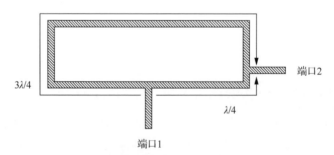

图 5-7　馈电网络的等效电路

　　下面分析天线的阻抗匹配。图 5-8 所示为不同端口激励下的阻抗变换关系。
对于端口 1，有两个四分之一波长阻抗变换器用于阻抗匹配。对于端口 2，两个
四分之一波长阻抗变换器串联成一个二分之一波长阻抗变换器，它对端口 2 的
阻抗几乎没有影响。基于这个观察结果，两个馈电端口的阻抗匹配可以用两步
法的阻抗变换来解释：首先通过改变天线阻抗来优化端口 2 的阻抗，实现端口 2

的阻抗匹配；然后通过改变四分之一波长阻抗变换器的线宽来优化端口 1 的阻抗，实现端口 1 的阻抗匹配。

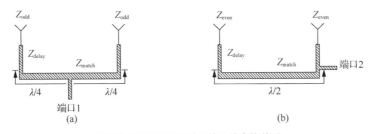

图 5-8　不同端口激励下的阻抗变换关系

(a)端口 1 有两个四分之一波长阻抗变换器　(b)端口 2 有一个二分之一波长阻抗变换器

5.2.3　实物加工验证

在双单元 MIMO 天线设计的基础上提出一种八单元 MIMO 天线设计，如图 5-9 所示。天线由 4 个天线对组成，每个天线对与地板长边中心的距离为 40 mm。8 个 SMA 同轴连接器从地板底部馈入信号。由于单极子是主要的辐射体，天线对的位置偏移对天线性能的影响很小。

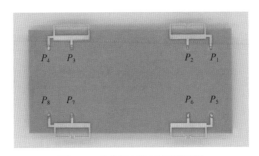

图 5-9　八单元 MIMO 天线设计

图 5-10 所示为 MIMO 天线中基于第一个天线对仿真和测量的 S 参数。仿真结果与测量结果吻合良好。端口 1 和端口 2 的-6 dB 带宽分别为 750 MHz（3060～3810 MHz）和 340 MHz（3330～3670 MHz）。重叠带宽为 340 MHz，足以覆盖 3400～3600 MHz 频段，端口隔离度大于 14 dB。

在微波暗室测量了天线的辐射性能。当一个端口被激励时，所有其他端口都接有 50 Ω 匹配负载。图 5-11 所示为基于前两个端口仿真和测量的辐射效率。测量的辐射效率略低于仿真的辐射效率，这可能是由加工和测量误差引起的。在 3400～3600 MHz 频段内，端口 1 和端口 2 的测量辐射效率分别高于 65% 和 52%。

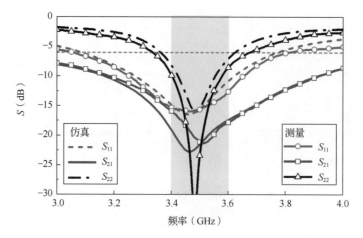

图 5-10　MIMO 天线中基于第一个天线对仿真和测量的 S 参数

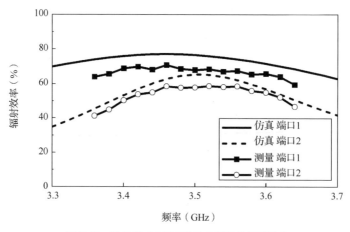

图 5-11　基于前两个端口仿真和测量的辐射效率

表 5-2 所示为本设计与其他参考文献中天线设计的性能对比。结果表明，本设计具有天线尺寸小、工作频段宽的优点。

表 5-2　本设计与其他参考文献中天线设计的性能对比

设计	天线尺寸（mm×mm）	重叠带宽（MHz）	隔离度（dB）
文献[26]	19×3	220	10
文献[27]	>52×6.5	270	29
文献[6]	12×7	220	17
文献[28]	28.5×5	280	15.7
文献[29]	10×7	180	10
文献[30]	20×7	320	17
本设计	25×3.5	340	14

5.2.4　共模/差模方法扩展

事实上，共模/差模激励的馈电方法具有较强的通用性，只需要天线对内的两个单元呈镜像对称即可。

图 5-12 所示为基于共模/差模激励的馈电方法设计的一种零净空 MIMO 天线。单极子沿着手机地板的边缘竖直折叠 90°，辐射天线垂直于手机地板。除了微调馈线的长度，其他所有参数都没有变化。这个修改可将天线离地间隙降至 0，实现零净空设计。垂直放置的 MIMO 天线的性能与平面结构的相当。

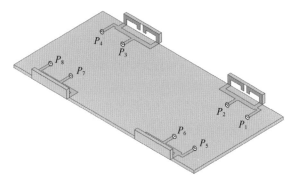

图 5-12　模型扩展：一种零净空 MIMO 天线设计

这种共模/差模激励的馈电方法也适用于其他类型的辐射结构。图 5-13 所示为使用类似配置的另一种零净空 MIMO 天线设计。辐射单元是 PIFA 形式，垂直馈电条将单元与馈电端口连接起来，垂直短路条将贴片与接地平面短接。通过优化参数，该设计同样具有良好的 MIMO 性能。

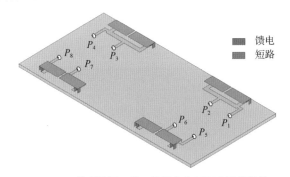

图 5-13　模型扩展：另一种零净空 MIMO 天线设计

上述分析表明，共模/差模激励的馈电方法对于许多双单元 MIMO 天线设计而言是通用的，也就是说，如果两个天线单元处于面对面配置状态，并且使用所提出的馈电网络来提供同相和 180°反相激励馈电，则可以实现端口高隔离和良好的方向图分集。

5.3 覆盖 3300～6000 MHz 频段的天线对

本节介绍一款具有宽频段覆盖能力的 MIMO 天线对，该天线对在窄带结构基础上通过多分支来扩展带宽。

5.3.1 天线结构

图 5-14 所示为所设计的 MIMO 天线的结构，包括 8 个垂直放置的天线单元，每两个单元组合成一个天线对。天线对由两个驱动单极子和一个寄生分支组成。因为共享相同的寄生分支，两个单元边到边的距离为 0。驱动单极子包括两个金属条，即较长的 L 形条带和较短的直线形条带。寄生分支包括一个 T 形接地条和一个直线形悬浮条。天线的垂直部分和接地平面之间有 1 mm 的间隙。接地平面的尺寸为 140 mm×68 mm，天线单元与手机地板顶角的距离为 16 mm，并通过 50 Ω 微带线馈电。MIMO 天线和接地平面都印刷在 0.8 mm 厚的 FR4 介质基板（ε_r=4.4，tanδ=0.02）上。

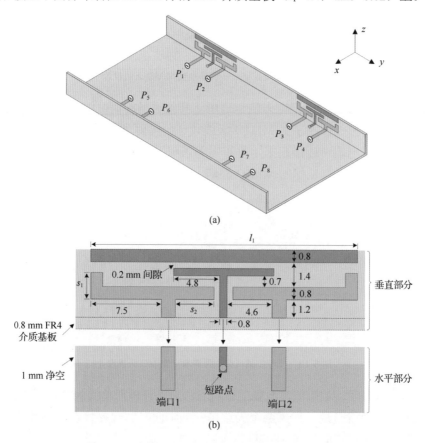

(a)

(b)

图 5-14　超宽带八元 MIMO 天线的结构（单位：mm）
(a)三维视图　(b)双单元尺寸

5.3.2　工作原理

MIMO 天线的仿真 S 参数如图 5-15 所示。可以观察到，反射系数曲线在 3.5 GHz、5 GHz 和 6 GHz 处存在 3 个谐振点。-6 dB 带宽为 3.26 GHz。天线对之间的互耦在整个频段低于-10 dB。

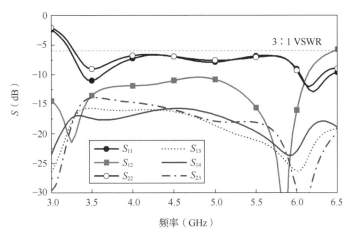

图 5-15　MIMO 天线的仿真 S 参数

为了研究 MIMO 天线的工作原理，下面讨论其设计过程。如图 5-16 所示，整个设计过程包括 5 个步骤。首先，两个折叠的单极子面对面放置，相应的 S 参数如图 5-17 所示，在 5.5 GHz 附近观察到谐振，它是由单极子的四分之一波长模式产生的。添加一个较短的金属条后在大约 6.5 GHz 处产生另一个谐振，通过合并两个谐振来扩展带宽。接下来，在两个单元的中心放置一个 T 形寄生分支，在 3.3 GHz 处观察到额外的谐振，但是天线单元的互耦很强（大约-4 dB）。为了减小耦合，在接地分支上增加了一个电容值为 0.8 pF 的集总电容。如图 5-18 所示，峰值耦合度下降，而 S_{11} 几乎不受影响。考虑到集总元件（如片式电容器）在高频下的参数大小具有一定的不确定性，因此使用分布电容来代替集总电容。接地条和悬浮条构成了分布式电容，耦合强度可以通过间隙来控制。

为了找到 3 个谐振点对应的主辐射结构，在 3.5 GHz、5 GHz 和 6 GHz 处激励左侧单元时，观察天线和接地平面上的电流分布。如图 5-19 所示，在 3.5 GHz 处，在 T 形寄生分支上观察到强电流；在 5 GHz 处，驱动单极子的长条带上的电流很强；在 6 GHz 处，驱动单极子的长、短条带上都有强电流。这些观测结果表明，T 形寄生分支和驱动单极子的长条带分别是 3.5 GHz 和 5 GHz 谐振点的主辐射结构，而驱动单极子的长、短条带都是 6 GHz 谐振点的主辐射结构。

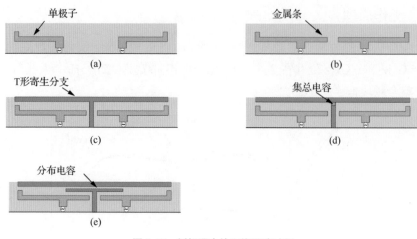

图 5-16　侧视图中的天线设计过程
(a)类型 I　(b)类型 II　(c)类型 III　(d)类型 IV　(e)本设计

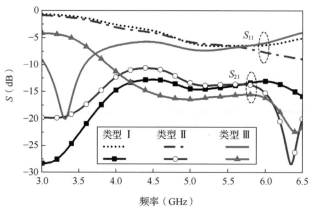

图 5-17　类型 I ～类型 III 的 S 参数

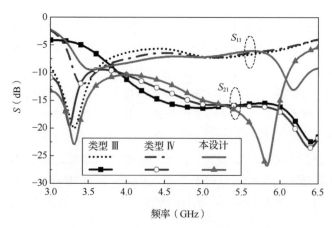

图 5-18　类型 III、类型 IV 及本设计的 S 参数

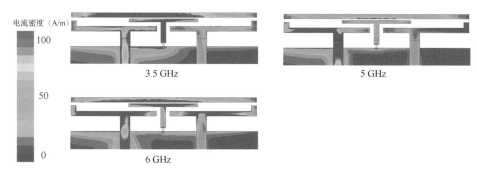

图 5-19　激励左侧单元时，天线和接地平面上的电流分布

5.3.3　实验结果

对所设计的 MIMO 天线进行实际加工和实验测量。图 5-20 所示为制作的 MIMO 天线原型，两个薄的 FR4 介质基板条带沿着手机地板的长边垂直放置，地板底部焊接有 8 个 SMA 同轴连接器，通过 50 Ω 微带线馈送信号。

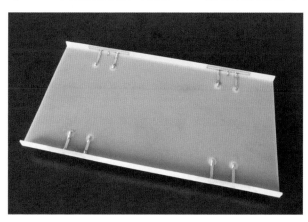

图 5-20　制作的 MIMO 天线原型

图 5-21 所示为仿真和测量的 S 参数，与仿真曲线相比，测量曲线略微向高频偏移。仿真曲线和测量曲线之间的差异是由加工误差和 FR4 介质基板的介电常数的波动造成的。对于测量曲线，在大约 3.6 GHz、5.3 GHz 和 6.4 GHz 处观察到 3 个谐振点。端口 1 和端口 2 测量的重叠−6 dB 带宽为 3.02 GHz（3.34～6.36 GHz），天线对的端口隔离度在整个频段高于 10.6 dB。

在微波暗室测量 MIMO 天线的辐射效率。当一个端口被激励时，所有其他端口都接有 50 Ω 阻抗负载。第一个天线对仿真和测量的辐射效率如图 5-22 所示。结果表明，端口 1 和端口 2 在 3.3～6 GHz 频段内的测量辐射效率高于 45%。

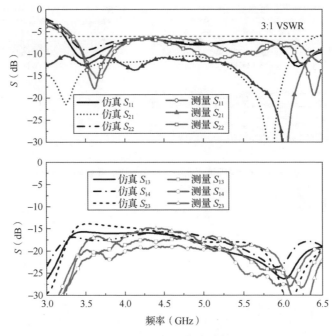

图 5-21　仿真和测量的 S 参数

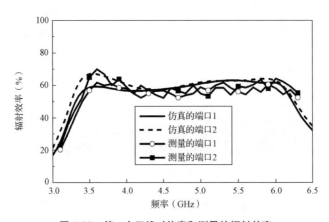

图 5-22　第一个天线对仿真和测量的辐射效率

表 5-3 所示为本设计与其他参考文献中的双频段或宽频段 MIMO 天线设计的性能对比。与已有工作相比，本设计的天线对尺寸相对较小。此外，本设计在大带宽方面也具有优势。

表 5-3　本 MIMO 天线设计与其他参考文献中的双频段或宽频段 MIMO 天线设计的性能对比

设计	天线对尺寸（mm×mm）	带宽（频率范围，GHz）	端口隔离度（dB）
文献[8]	15×7	3.4～3.6、5.2～6	10
文献[31]	40×7	3.4～3.6、4.8～5.0	11.5

续表

设计	天线对尺寸（mm×mm）	带宽（频率范围，GHz）	端口隔离度（dB）
文献[9]	22×7	3.4～3.6、4.8～5.0	17.5
文献[32]	51.6 × 4.3	3.4～3.8、4.8～5.0	15.5
文献[33]	32.2×8	2.3～2.6、3.7～6.0	9
文献[34]	52.2×5.5	3.3～4.2、4.8～5.0	11.5
文献[12]	35×4.2	3.3～6.0	10
文献[35]	20×6	3.3～4.2	12
文献[36]	53×6	3.3～5.0	13.5
文献[11]	44.4×6.2	3.3～6.0	10
文献[37]	40×7.5	3.3～5.0	12
本设计	28×4.2	3.3～6.0	10.6

5.4　四单元聚合的多天线模块

本节提出一种四单元聚合的多天线模块，通过引入电感、电容等集总元件降低天线单元间的耦合。

5.4.1　两个紧密排列单元的解耦

1．单元设计

单极子是 MIMO 天线设计中最受欢迎的形式之一，而且可以弯折成 L 形以减小天线剖面高度。当单极子接近地板时，通常会添加一个充当电感的并联短截线以匹配输入阻抗，这种改进的结构被称为倒 F 天线（IFA）。

图 5-23 所示为工作在 3.5 GHz 频段的 IFA 单元设计。IFA 沿着手机地板的长边放置。IFA 的开路短截线和地板短边之间的距离为 35 mm。接地平面和 IFA 都印刷在 0.8 mm 厚的 FR4 介质基板（ε_r=4.4，tanδ=0.02）上。该单元的剖面高度为 3 mm，接地平面的尺寸为 140 mm×70 mm。

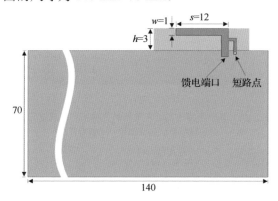

图 5-23　工作在 3.5 GHz 频段的 IFA 单元设计（单位：mm）

IFA 和 L 形单极子（没有并联短截线的 IFA）的阻抗性能如图 5-24 所示。可以看出，IFA 的阻抗匹配性能比 L 形单极子更好，IFA 的−6 dB 带宽约为 420 MHz。

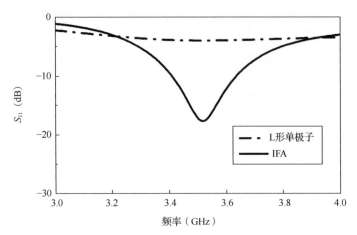

图 5-24　IFA 和 L 形单极子的阻抗性能

在双单元 MIMO 天线设计中，两个单元具有 3 种配置，即面对面、背靠背和面对背配置。图 5-25 所示为基于所提出的 IFA 单元的 3 种不同的双单元设计。在所有设计中，单元的尺寸都是相同的。单元与地板拐角的偏移距离固定为 35 mm。接下来将讨论前两种配置中的天线耦合情况，第三种配置结构不对称，此处不深入分析。

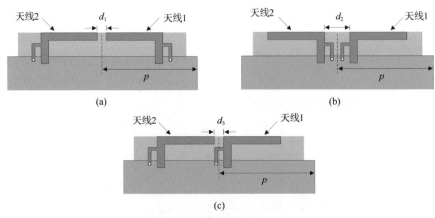

图 5-25　基于所提出的 IFA 单元的 3 种不同的双单元设计
(a)面对面　(b)背靠背　(c)面对背

2．面对面配置

首先研究面对面配置中的双单元设计。当单元间距为 5 mm 时，单元间的互耦很强（约为-5 dB）。随着单元间距的增加，端口隔离度可以得到提升。然而，即使单元间距达到 20 mm，隔离度仍仅为 10.5 dB，继续增加单元间距带来的作用有限。

在此基础上使用集总电感来降低互耦。如图 5-26 所示，在 IFA 的两个并联短截线的末端（电流最小位置）增加了一个解耦电感。两个单元的边到边距离仅为 1 mm，对应 3.5 GHz 处的 0.01 λ_0，λ_0 是自由空间波长。

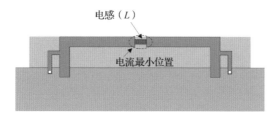

图 5-26　在电流最小位置引入解耦电感

接下来分析电感的解耦原理。IFA 单元工作在四分之一波长模式，这个模式的电流在馈电端口处最大，在短截线的末端最小。当两个 IFA 面对面放置时，这两个单元的电流最小位置将相互靠近，可以在电流最小位置添加一个电感。大量研究表明，这种改动可保证单元的模式不受影响。电感的引入提供了一个额外的电流路径，可以抵消现有的耦合。引入的耦合强度和相位由电感值（L）控制。

图 5-27 所示为有无电感对 S 参数的影响。为了在 3.5 GHz 处谐振，IFA 的长度从 12 mm 延伸到 13.6 mm，电感值被调整到 39 nH。可以观察到，电感对谐振频率的影响很小，但能显著改变端口隔离度。因此，使用解耦电感是提高端口隔离度的有效方法。

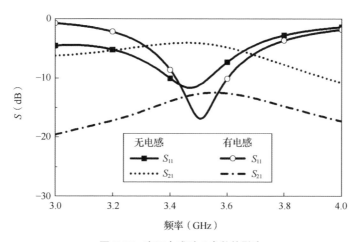

图 5-27　有无电感对 S 参数的影响

图 5-28 所示为 3.5 GHz 处的电流分布。在有无电感这两种情况下，右侧的激励单元均工作在四分之一波长模式，但是左侧寄生单元的性能有明显区别。如图 5-28(a)所示，寄生单元上存在强电流，其四分之一波长模式同样被激励起来，左侧端口耦合了较多的能量。如图 5-28(b)所示，寄生单元上的电流密度要小得多，左侧端口几乎没有耦合能量。这种比较可以直接描述电感的解耦效果。

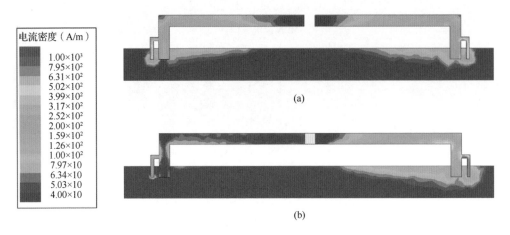

图 5-28　3.5 GHz 处的电流分布
(a)无电感　(b)有电感

该模型被进一步修改以减小 IFA 单元的尺寸。图 5-29 所示为使用折叠短截线的双单元模型。每个 IFA 的短截线被折叠成 U 形，短截线的总长度约为四分之一波长。使用 HFSS 软件进行优化，优化后的值如下：L=24 nH，s_1=9 mm，s_2=2.8 mm，s_3=3.5 mm。天线的总尺寸为 20.6 mm×3 mm。图 5-30 显示了仿真的 S 参数。观察可知，−6 dB 带宽仍然有 225 MHz。通过调整电感值的大小，可优化端口隔离度，使得端口隔离度高于 14 dB。

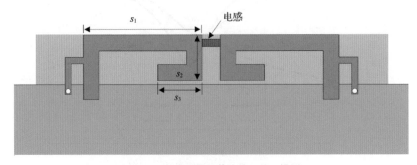

图 5-29　使用折叠短截线的双单元模型

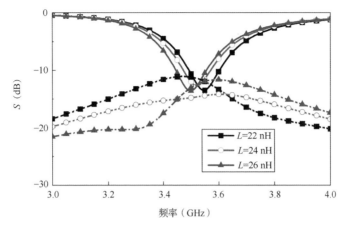

图 5-30　仿真的 S 参数（实线和虚线分别表示 S_{11} 和 S_{21}）

3．背靠背配置

这里研究背靠背配置，即两个馈电端口相互接近、单元的开口相互远离的情况。当单元间距为 5 mm 时，单元间的互耦约为-6.2 dB。随着单元间距的增加，单元间的互耦依然很强，间距为 20 mm 时，互耦仍高达-9.3 dB。因此，背靠背配置需要添加解耦结构来降低互耦。

前面已经验证：在两个面对面单元的电流最小位置添加电感是提高端口隔离度的有效方法。根据对偶原理，一个可能的猜想是，在两个背靠背单元的电流最大位置添加电容也许是背靠背配置中的有效解耦方法。基于这个猜想，设计带有电容的背靠背天线，如图 5-31 所示。0.2 pF 的集总电容被放置在两个 IFA 的电流最大位置附近，天线单元的边到边的距离为 2.5 mm。

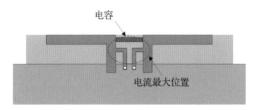

图 5-31　在电流最大位置引入电容

图 5-32 所示为背靠背配置的 S 参数。结果表明，电容显著改变了谐振频率，但隔离度仅提高了 1 dB。这说明引入电容并未出现预期的解耦效果，电容引入的耦合不能很好地对消初始耦合，需要进一步改进解耦结构。

众所周知，感性馈电和容性馈电是激励天线的两种方法。理论上，将感性馈源置于电流最大位置相当于将容性馈源置于电流最小位置，如图 5-33(a)所示。然而，这两种馈电方式在双单元 MIMO 天线设计中是否具有相同的性能尚不清楚。

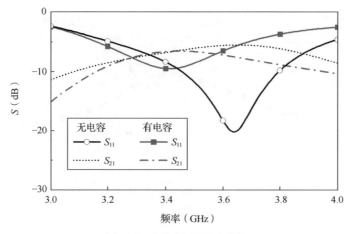

图 5-32 背靠背配置的 S 参数

为了分析容性馈电的影响，对背靠背模型进行了修改，如图 5-33(b)所示。每个单元的感性馈电端口由短路引脚代替，以保持四分之一波长模式不变。并联短截线和短路引脚合并为一个引脚，并通过短路点连接到地。此外，引入了一根短截线作为容性馈电结构以馈入信号。容性馈电结构和折叠分支之间的间隙为 0.2 mm。天线单元的边到边的距离为 1 mm。电容值(C)为 0.5 pF。除了 s_4=8.4 mm、s_5=2.6 mm，其他参数与单个单元的配置相同。

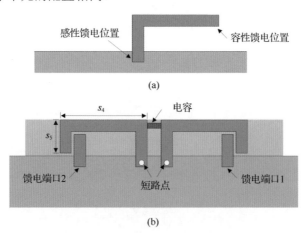

图 5-33 采用容性馈电改进天线设计
(a)两种馈电技术   (b)双单元 MIMO 天线设计

电容对 S 参数的影响如图 5-34 所示。结果表明，电容值的变化对谐振频率和端口隔离度都有影响。谐振频率和峰值隔离度随着电容值的增加向低频移动。当电容值为 0.6 pF 时，阻抗带宽和隔离度方面的性能均较好。

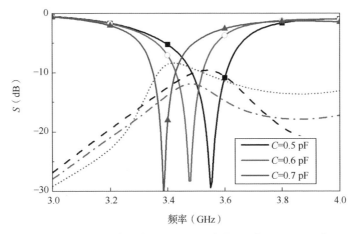

图 5-34　电容对 S 参数的影响（实线和虚线分别表示 S_{11} 和 S_{21}）

5.4.2　多天线模块设计

基于前面两种类型的高隔离双单元设计，下面分析四单元 MIMO 天线。图 5-35 所示为四单元聚合的多天线模块设计的演变过程。首先考虑两个面对面的双单元结构，每个天线对之间有一个解耦电感。然后拉近两个天线对，使得两个天线对边到边的距离仅 1 mm，并且在它们之间添加电容。最后，将四单元内部两个单元的馈电方式从感性馈电修改为容性馈电。通过这 3 步操作，可将四单元紧密聚合成一个小型化多天线模块。

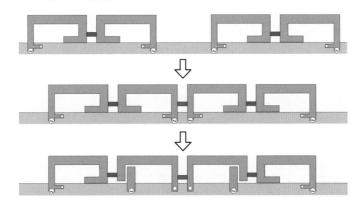

图 5-35　四单元聚合的多天线模块设计的演变过程

四单元设计可以分解为两组双单元设计。面对面配置时使用电感解耦分析，背靠背配置时使用电容解耦分析。图 5-36 所示为所提出的四单元 MIMO 天线设计的几何结构和尺寸。这 4 个单元是紧密相连的，两个相邻单元之间存在电感或电容。MIMO 天线的尺寸为 40.8 mm×3 mm。相邻单元边到边的距离为 1 mm。MIMO

121

天线的对称轴与地板拐角的偏移距离为 45 mm。两个解耦电感的数值均为 27 nH，解耦电容的数值是 0.5 pF。

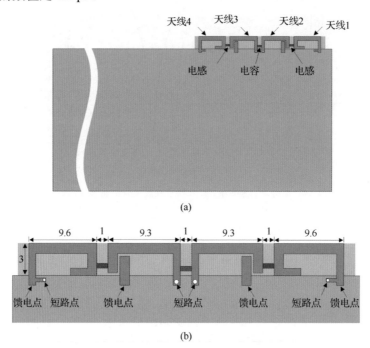

(a)

(b)

图 5-36　四单元 MIMO 天线设计的几何结构和尺寸（单位：mm）
(a)俯视图　(b)四单元 MIMO 天线的结构细节

图 5-37 所示为四单元 MIMO 天线仿真的 S 参数。可以观察到，S_{22} 和 S_{33} 的曲线吻合较好，S_{11} 和 S_{44} 的曲线几乎重叠。4 个单元的-6 dB 的重叠带宽为 165 MHz。任意两个单元的端口隔离度均高于 13.5 dB。

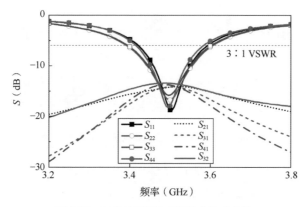

图 5-37　四单元 MIMO 天线仿真的 S 参数

接着分析 3.5 GHz 处的电流分布。图 5-38 所示为不同端口激励下仿真的 3.5 GHz 处的电流分布。激励单元上的电流分布表明该单元工作在四分之一波长模式。对于剩下 3 个寄生单元，尽管有的辐射结构上可以观察到强电流，但寄生单元馈电端口上的电流很弱，表明各端口间实现了高隔离。

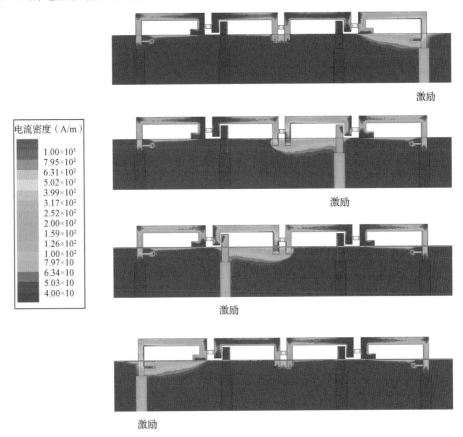

图 5-38　不同端口激励下仿真的 3.5 GHz 处的电流分布

图 5-39 所示为所设计的八单元 MIMO 天线实物，包含两个四单元聚合模块。图 5-40 所示为 4 个端口分别激励时天线的辐射效率。当端口 1 或端口 4 被激励时，峰值效率约为 51%；当端口 2 或端口 3 被激励时，峰值效率约为 46%。辐射效率不高的原因主要有两个：一个是单元尺寸的缩小降低了辐射效率，另一个是每个天线模块内有 4 个紧密排列的单元，应考虑所有单元之间的耦合。与传统的双单元模块相比，四单元之间的耦合路径更多，多条耦合路径联合作用降低了辐射效率，因此需要在天线设计中综合考虑这些因素。

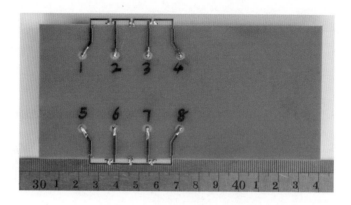

图 5-39 八单元 MIMO 天线实物

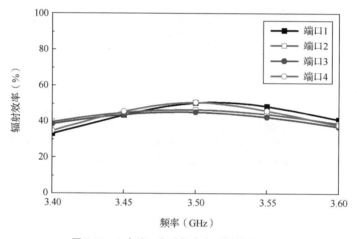

图 5-40 4 个端口分别激励时天线的辐射效率

5.4.3 模型扩展

在平面 MIMO 天线设计中，天线单元的剖面高度为 3 mm。这意味着手机边框和接地平面之间的间隙至少为 3 mm。这个尺寸对于一些窄边框手机而言可能不够小。图 5-41 所示为改进型 MIMO 天线设计的几何结构，基于平面四单元天线，4 个单元沿接地平面的长边竖直折叠 90°，MIMO 天线垂直放置在地板的边缘。因此，地板和天线之间的间隙为 0。每个单元的面积为 8.8 mm×3.2 mm，MIMO 天线的尺寸为 38.2 mm×3.2 mm。其他参数与平面设计的参数相同。

垂直放置的 MIMO 天线设计的工作原理与平面四单元天线设计的工作原理相似。电感用于降低两个面对面单元之间的互耦，电容用于降低两个背靠背单元之间的互耦。仿真得到的天线性能相似，此处不赘述。

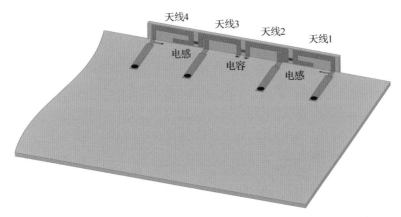

图 5-41　改进型 MIMO 天线设计的几何结构

5.5　覆盖 3.5/4.9 GHz 双频段的天线对

本节将讨论双频段双单元 MIMO 天线的设计。首先分析 4.9 GHz 频段的天线对设计，基于共模/差模理论解释解耦原理；然后讨论 3.5 GHz 频段的天线对设计，将高频段的解耦结构复用于 3.5 GHz 频段；最后完整测试 MIMO 天线的性能。

5.5.1　单频段天线对

图 5-42(a)为工作在 4.9 GHz 频段的双单元天线对的几何结构。两个 L 形单极子面对面紧密排列。两个单元的边到边的距离为 1 mm。在两个单元的开口处加载有一个 14.5 nH 的集总电感。馈线的特性阻抗为 50 Ω。将用于短路的短截线与馈线连接以匹配输入阻抗。天线模块印刷在厚度为 0.8 mm 的 FR4 介质基板（ε_r=4.4，tanδ=0.02）上。地板平面尺寸为 140 mm×70 mm，天线模块放置在地板长边的中点两侧。

电感在降低单元耦合方面起着重要作用。图 5-42 对比了有无电感的天线对的 S 参数。当添加电感时，从 S_{21} 曲线可以观察到 4.9 GHz 附近的凹坑，与无电感结果对比，4.9 GHz 附近的端口隔离度从 8 dB 提高到 30 dB 以上。

除了用电流抵消理论解释，电感解耦的工作原理也可用共模/差模理论来分析。该理论为两个对称放置的单元之间的解耦机制提供了一个简单的解释。

根据该理论，共模/差模的 S 参数（S_{cc11}/S_{dd11}）可以用以下公式计算：

$$S_{cc11} = (S_{11} + S_{12} + S_{21} + S_{22}) / 2 \qquad (5\text{-}1)$$

$$S_{dd11} = (S_{11} - S_{12} - S_{21} + S_{22}) / 2 \qquad (5\text{-}2)$$

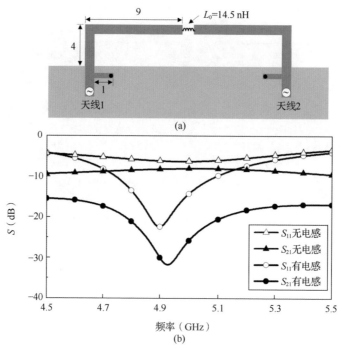

图 5-42　工作在 4.9 GHz 频段的双单元天线对的几何结构（单位：mm）以及有无电感对 S 参数的影响
（a）几何结构　（b）S 参数

考虑到天线对是对称和互易的两端口网络，可知 $S_{11}=S_{22}$、$S_{12}=S_{21}$。共模/差模公式可以简化为：

$$S_{cc11} = S_{11} + S_{21} \qquad (5\text{-}3)$$

$$S_{dd11} = S_{11} - S_{21} \qquad (5\text{-}4)$$

端口互耦 S_{21} 的表达式如下：

$$S_{21} = (S_{cc11} - S_{dd11}) / 2 \qquad (5\text{-}5)$$

式（5-5）表明可以根据共模/差模的 S 参数之间的差异来计算端口隔离度，更具体地说，共模/差模的反射系数差异越小，则两个馈电端口的隔离度越高。

因为天线对采用的是面对面配置，两个单元相对中心线是对称的。如图 5-43(a) 所示，如果共模被激励，将产生虚拟完美磁导体（Perfect Magnetic Conductor，PMC）边界。如图 5-43(b) 所示，如果差模被激励，将产生虚拟完美电导体（Perfect Electric Conductor，PEC）边界。这两种边界可以用来解释端口隔离的机制，它们对电感加载有截然不同的表现。由天线理论可知，电感加载对 PMC 边界无影响，对 PEC 边界有显著影响。因此，当电感值改变时，差模的 S_{11} 显著变化，而共模的 S_{11} 几乎不变。通过选择合适的电感值，可以调整差模的反射系数曲线，使得共模与差模的反射系数差异减小，从而实现高的端口隔离度。经过优化后，当电感值为 14 nH

时，共模/差模的反射系数曲线都接近 Smith 圆图的中心点，表明两者阻抗匹配良好，且阻抗差异较小。因此，电感解耦是解耦两个紧密排列的单元的有效方式。

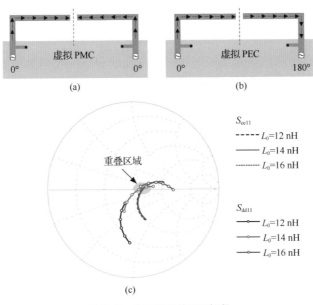

图 5-43　电感解耦的原理解释
(a)共模激励　(b)差模激励　(c)电感解耦对共模/差模的影响

5.5.2　双频段使用同一个电感解耦

在单频段基础上提出的双频段 MIMO 天线设计如图 5-44 所示。首先，U 形单极子用于在低频段 f_1 中产生谐振，而 L 形单极子则用于在高频段 f_2 中产生谐振。这两个频段可以分别使用电感解耦。然后，在辐射单元上添加带阻滤波器，使得该单元在低频段中的表现像 U 形单极子，但在高频段中的表现像 L 形单极子。这里的挑战在于如何设计一种对低频段和高频段都有效的双频段解耦结构。解耦电感在 5G 单频段 MIMO 天线设计中很受欢迎。然而，它还没有被用于双频段 MIMO 天线设计中。

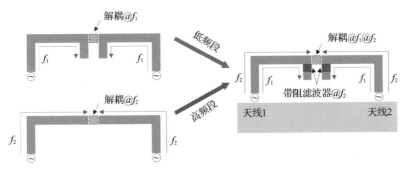

图 5-44　双频段 MIMO 天线设计

理论上，总是可以找到电感（L_1 和 L_2）来分别解耦低频段和高频段，也就是说，这两个频段满足以下两个方程：

$$a(f_1)+b(f_1, L_1)=0 \tag{5-6}$$

$$a(f_2)+b(f_2, L_2)=0 \tag{5-7}$$

其中，$a()$表示两个单元之间的原始耦合路径信号，$b()$表示电感引入的耦合路径信号。两条路径信号抵消导致合成后的信号为 0。

对于所提出的结构，由于低频段和高频段的辐射结构不同，因此可以找到一个合适的电感（L），该电感可以同时解耦两个频段，如式（5-8）所示：

$$a(f_1,f_2)+b(f_1,f_2, L)=0 \tag{5-8}$$

接下来将详细介绍如何找到电感 L、如何设计带阻滤波器，以及如何设计双频段天线单元。

图 5-45(a)所示为面对面配置的 L 形单极子，其印刷在 0.8 mm 厚的 FR4 介质基板（ε_r=4.4，$\tan\delta$=0.02）上。地板尺寸为 140 mm×70 mm，天线对放置在地板长边的中点附近。馈线和单极子的线宽分别为 1.5 mm 和 1 mm。两个单元的边到边的距离仅为 1 mm。在两个单元的开路端加载有一个 14.5 nH 的解耦电感。从 S 参数曲线可以观察到在 4.9 GHz 频段呈现良好的解耦效果。

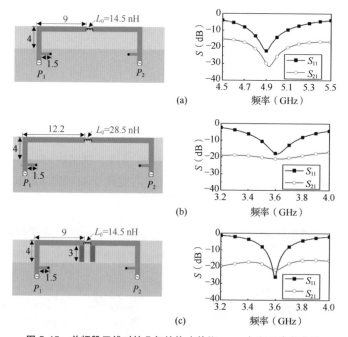

图 5-45　单频段天线对的几何结构（单位：mm）和 S 参数曲线
(a)工作在 4.9 GHz 频段的 L 形单极子　(b)工作在 3.5 GHz 频段的 L 形单极子
(c)工作在 3.5 GHz 频段的 U 形单极子

128

图 5-45(b)所示为工作在 3.5 GHz 频段的 L 形单极子。L 形单极子的长度从 9 mm 延长到 12.2 mm，电感值从 14.5 nH 增加到 28.5 nH，实现了良好的解耦。比较 3.5 GHz 和 4.9 GHz 频段的模型，可得出结论，电感值随着频率的降低而增加。

为了在两个频段中共享相同的解耦电感，要么减小 3.5 GHz 频段的电感值，要么增大 4.9 GHz 频段的电感值。在实际工程中，商用电感的自谐振频率会随着电感值的增大而降低。因此，为了避免电感的自谐振，将电感值从 28.5 nH 减小到 14.5 nH 是更好的选择。

图 5-45(c)所示为工作在 3.5 GHz 频段的改进模型，其中，L 形单极子折叠成 U 形结构。研究发现，增加折叠部分的长度会降低电感值。当折叠长度为 3 mm 时，电感值从 28.5 nH 减小到 14.5 nH。这样，3.5 GHz 频段的模型具有与 4.9 GHz 频段的模型相同的尺寸和电感值。

5.5.3　使用单分支产生双频段

下面介绍通过使用带阻滤波器，设计一个覆盖双频段的单分支单极子结构。

根据微波理论，电容与电感并联可以构成一个带阻滤波器。图 5-46 所示为工作在 4.9 GHz 频段的带阻滤波器设计及其 S 参数。50 Ω 微带线上某处并排放置有一个 C_1=0.6 pF 的电容和一个 L_1=0.8 nH 的电感。在 4.9 GHz 频段，S_{21} 低于−10 dB，S_{11} 高于−0.4 dB。S 参数曲线表明该结构在 4.9 GHz 具有阻带滤波功能。在 3.5 GHz 频段，S_{21} 高于−1 dB，表明该结构在 3.5 GHz 具有通带功能。需要说明的是，在 3.5 GHz 频段增加另一个串联电容可以提高带通性能。

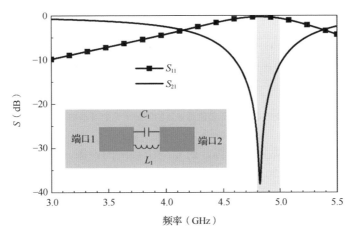

图 5-46　工作在 4.9 GHz 频段的带阻滤波器设计及其 S 参数

基于所提出的带阻滤波器设计了双频段单分支单极子单元的几何结构，如图 5-47 所示。在单极子末端的折叠分支上增加了带阻滤波器，滤波器的位置可根据双频段的性能进行优化，越接近末端，则高频段的工作频率越低。图 5-48 所示为有无带阻滤波器的天线单元的 S 参数。电流在低频段可以通过滤波器，因此单元具有 U 形结构和较长的长度，单元的谐振频率为 3.5 GHz。电流在高频段不能通过滤波器，因此单元具有 L 形结构和较短的长度，较短的长度对应 4.9 GHz 处的谐振。通过添加带阻滤波器，单分支可以同时覆盖 3.5 GHz 和 4.9 GHz 频段。

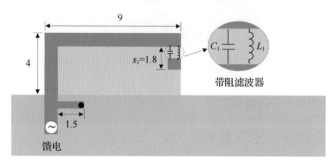

图 5-47 双频段单分支单极子单元的几何结构（单位：mm）

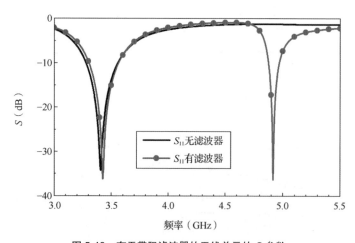

图 5-48 有无带阻滤波器的天线单元的 S 参数

对该单元的关键参数进行扫描，研究两个频段的谐振。图 5-49 所示为不同频段的频率调谐。如图 5-49(a)所示，可以通过改变滤波器的参数来调谐高频段的谐振点，而低频段几乎不受影响。如图 5-49(b)所示，折叠臂（s_1）的变化仅改变低频段的谐振点。参数扫描结果表明，两个频段的两个谐振点可以独立调谐，还验证了滤波器可以反射高频段的电磁波，并通过低频段的电磁波。

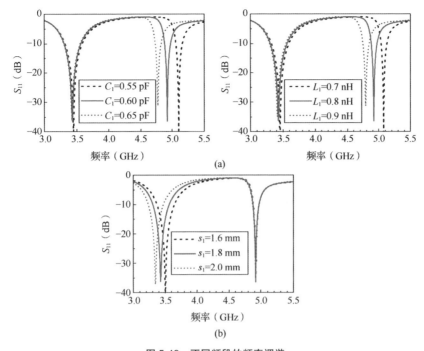

(a)

图 5-49　不同频段的频率调谐

(a)高频段的频率调谐　(b)低频段的频率调谐

5.5.4　双频段 MIMO 天线设计

基于解耦电感和双频段单分支单极子，提出了一种新型的双频段 MIMO 天线设计。图 5-50 所示为所设计的尺寸为 19 mm×4 mm 的天线对几何结构，两个 U 形单极子面对面配置。$L_0 = 13$ nH 的电感被添加在两个单极子之间。带阻滤波器被放置在每个单极子的折叠分支上，$L_1 = 0.8$ nH，$C_1 = 0.6$ pF。

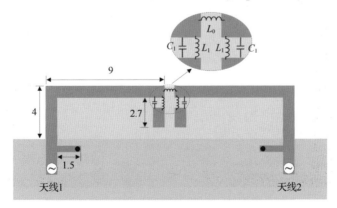

图 5-50　双频段天线对几何结构（单位：mm）

天线对的仿真 S 参数如图 5-51 所示。如果去除解耦电感，则两个频段内的耦合都很强，端口隔离度最小为 5 dB。与之相对的是，增加电感后，两个频段的端口隔离度提升非常明显，均在 12 dB 以上。观察 S_{21} 曲线可知，在 3.5 GHz 和 4.9 GHz 处存在两个波谷，这意味着解耦电感在低频段和高频段都是有效的。

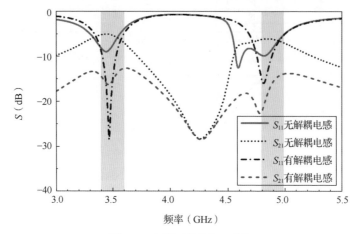

图 5-51　天线对的仿真 S 参数

为了验证这一设计，制作了一个八单元双频段 MIMO 天线样机，实物如图 5-52 所示。每个天线对偏离地板的拐角 20 mm。需要说明的是，天线对也可以垂直折叠，以实现零净空设计。图 5-53 所示为仿真和测量的 S 参数。出于对称性考虑，只给出了第一个天线对的测试结果。测量的两个端口的重叠的-6 dB 带宽在低频段为 260 MHz，在高频段为 220 MHz，基本可覆盖 3.4～3.6 GHz 和 4.8～5.0 GHz 频段。在这两个频段测得的端口隔离度分别高于 12 dB 和 15 dB。

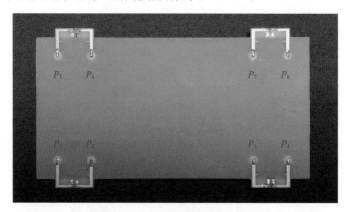

图 5-52　八单元双频段 MIMO 天线样机

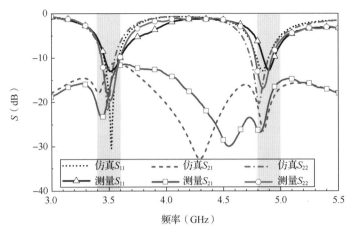

图 5-53　仿真和测量的 S 参数

在微波暗室测量了 MIMO 天线的辐射性能。图 5-54 所示为低频段和高频段的辐射效率。在 3.4～3.6 GHz 频段，端口 1 和端口 2 的测量效率分别高于 44% 和 41%。在 4.8～5.0 GHz 频段，测量效率从 38% 到 62% 不等，低于仿真效率。这种差异主要归因于微波暗室的系统误差和 FR4 介质基板在高频段的较大损耗。

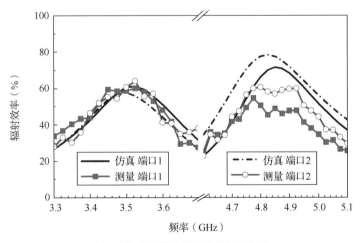

图 5-54　低频段和高频段的辐射效率

表 5-4 所示为本设计与其他参考文献中双频段 MIMO 天线设计的性能对比。从对比数据可知，本设计中的天线具有简单的辐射结构。此外，由于紧凑的单元布局和解耦电路，本设计中的天线对在所有同类型的设计中具有最小的尺寸。

表 5-4   本设计与其他参考文献中双频段 MIMO 天线设计的性能对比

文献	双频段辐射体类型	天线对尺寸（mm×mm）	带宽（频率范围，GHz）	端口隔离度（dB）	辐射效率（%）
文献[31]	双分支单极子	7×40	3.4～3.6、4.8～5.1	>11.5、>15	>41、>40
文献[38]	双分支 IFA	6×42	3.3～3.6、4.8～5.0	>12、>12	>48、>45
文献[32]	三分支单极子	7×52	3.4～3.8、4.8～5.0	>15.5、>19	>42、>40
文献[9]	双分支单极子	7×22	3.4～3.6、4.8～5.0	>17.5、>20	>50、>50
*文献[10]	单极子+槽	6×15	3.4～3.6、4.8～4.9	>15、>10	>37、>40
本设计	单分支单极子	4×19	3.4～3.6、4.8～5.0	>12、>15	>41、>38

注：*每个馈电端口都需要额外的阻抗匹配电路。

本章中的几款天线设计的详细内容可参考文献[39]～[42]。

参考文献

[1]   工业和信息化部. 工业和信息化部关于第五代移动通信系统使用 3300-3600 MHz 和 4800-5000 MHz 频段相关事宜的通知 [EB/OL]. (2017-11-15) [2024-05-15].

[2]   尤肖虎，潘志文，高西奇，等. 5G 移动通信发展趋势与若干关键技术[J]. 中国科学：信息科学，2014 (5): 551-563.

[3]   WONG K L, CHEN L Y. Dual-inverted-F antenna with a decoupling chip inductor for the 3.6-GHz LTE operation in the tablet computer[J]. Microwave and Optical Technology Letters, 2015, 57(9): 2189-2194.

[4]   REN A, LIU Y, SIM C Y D. A compact building block with two shared-aperture antennas for eight-antenna MIMO array in metal-rimmed smartphone[J]. IEEE Transactions on Antennas and Propagation, 2019, 67(10): 6430-6438.

[5]   WONG K L, TSAI C Y, LU J Y. Two asymmetrically mirrored gap-coupled loop antennas as a compact building block for eight-antenna MIMO array in the future smartphone[J]. IEEE Transactions on Antennas and Propagation, 2017, 65(4): 1765-1778.

[6]   SUN L, FENG H, LI Y, et al. Compact 5G MIMO mobile phone antennas with tightly arranged orthogonal-mode pairs[J]. IEEE Transactions on Antennas and Propagation, 2018, 66(11): 6364-6369.

[7]   ZENG W F, CHEN F C, CHU Q X. Bandwidth-enhanced 5G mobile phone antenna pair with tunable electric field null[J]. IEEE Transactions on Antennas and Propagation, 2023, 71(2): 1960-1964.

[8]　WONG K L, LIN B W, Li W Y. Dual-band dual inverted-F/loop antennas as a compact decoupled building block for forming eight 3.5/5.8-GHz MIMO antennas in the future smartphone[J]. Microwave and Optical Technology Letters, 2017, 59(11): 2715-2721.

[9]　REN Z, ZHAO A. Dual-band MIMO antenna with compact self-decoupled antenna pairs for 5G mobile applications[J]. IEEE Access, 2019, 7: 82288-82296.

[10]　CHANG L, ZHANG G, WANG H. Dual-band antenna pair with lumped filters for 5G MIMO terminals[J]. IEEE Transactions on Antennas and Propagation, 2021, 69(9): 5413-5423.

[11]　SIM C Y D, LIU H Y, HUANG C J. Wideband MIMO antenna array design for future mobile devices operating in the 5G NR frequency bands n77/n78/n79 and LTE band 46[J]. IEEE Antennas and Wireless Propagation Letters, 2020, 19(1): 74-78.

[12]　WONG K L, CHEN Y H, LI W Y. Decoupled compact ultra-wideband MIMO antennas covering 3300—6000 MHz for the fifth-generation mobile and 5GHz-WLAN operations in the future smartphone[J]. Microwave and Optical Technology Letters, 2018, 60(10): 2345-2351.

[13]　HEI Y Q, IIE J G, LI W T. Wideband decoupled 8-element MIMO antenna for 5G mobile terminal applications[J]. IEEE Antennas and Wireless Propagation Letters, 2021, 20(8): 1448-1452.

[14]　ZHANG A, WEI K, ZHANG Z. Multi-band and wideband self-multipath decoupled antenna pairs[J]. IEEE Transactions on Antennas and Propagation, 2023, 71(7): 5605-5615.

[15]　CHANG L, LIU H. Low-profile and miniaturized dual-band microstrip patch antenna for 5G mobile terminals[J]. IEEE Transactions on Antennas and Propagation, 2021, 70(3): 2328-2333.

[16]　GAO Y, WANG J, WANG X, et al. A low-profile broadband multimode patch antenna for 5G mobile applications[J]. IEEE Antennas and Wireless Propagation Letters, 2023, 22(5): 1020-1024.

[17]　ZHANG A, WEI K, HU Y, et al. High-isolated coupling-grounded patch antenna pair with shared radiator for the application of 5G mobile terminals[J]. IEEE Transactions on Antennas and Propagation, 2022, 70(9): 7896-7904.

[18] CHENG B, DU Z. Dual polarization MIMO antenna for 5G mobile phone applications[J]. IEEE Transactions on Antennas and Propagation, 2021, 69(7): 4160-4165.

[19] HU M, LI Y. Wideband back cover microstrip antenna with multiple shorting vias for mobile 5G MIMO applications[J]. IEEE Transactions on Antennas and Propagation, 2023, 71(10): 8290-8295.

[20] CHEN X, WANG J, CHANG L. Extremely low-profile dual-band microstrip patch antenna using electric coupling for 5G mobile terminal applications[J]. IEEE Transactions on Antennas and Propagation, 2022, 71(2): 1895-1900.

[21] TIAN X, DU Z. Wideband shared-radiator four-element MIMO antenna module for 5G mobile terminals[J]. IEEE Transactions on Antennas and Propagation, 2023, 71(6): 4799-4811.

[22] WONG K L, HONG S E, LI W Y. Low-profile four-port MIMO antenna module based 16-port closely-spaced 2 × 2 module array for 6G upper mid-band mobile devices[J]. IEEE Access, 2023, 16: 110796-110808.

[23] WONG K L, JIAN M F, LI W Y. Low-profile wideband four-corner-fed square patch antenna for 5G MIMO mobile antenna application[J]. IEEE Antennas and Wireless Propagation Letters, 2021, 20(12): 2554-2558.

[24] WONG K L, KAO H C, LI W Y. Wideband low-profile eight-port eight-wave annular-ring patch antenna based on using eight dual-shorted dual-resonant ring sectors for 8× 8 MIMO mobile devices[J]. IEEE Access, 2022, 11: 18-32.

[25] VOL T. Antenna diversity in mobile communications[J]. IEEE Transactions on Vehicular Technology, 1987, 36(4): 149-172.

[26] WONG K L, LU J Y, CHEN L Y, et al. 8-antenna and 16-antenna arrays using the quad-antenna linear array as a building block for the 3.5-GHz LTE MIMO operation in the smartphone[J]. Microwave and Optical Technology Letters, 2016, 58(1): 174-181.

[27] WANG X, FENG Z, LUK K M. Pattern and polarization diversity antenna with high isolation for portable wireless devices[J]. IEEE Antennas and Wireless Propagation Letters, 2009, 8: 209-211.

[28] XU H, GAO S S, ZHOU H, et al. A highly integrated MIMO antenna unit: differential/common mode design[J]. IEEE Transactions on Antennas and Propagation, 2019, 67(11): 6724-6734.

[29] WONG K L, TSAI C Y, LU J Y. Two asymmetrically mirrored gap-coupled loop antennas as a compact building block for eight-antenna MIMO array in the future smartphone[J]. IEEE Transactions on Antennas and Propagation, 2017, 65(4):1765-1778.

[30] REN Z, ZHAO A, WU S. MIMO antenna with compact decoupled antenna pairs for 5G mobile terminals[J]. IEEE Antennas and Wireless Propagation Letters, 2019, 18(7): 1367-1371.

[31] GUO J, CUI L, LI C, et al. Side-edge frame printed eight-port dual-band antenna array for 5G smartphone applications[J]. IEEE Transactions on Antennas and Propagation, 2018, 66(12): 7412-7417.

[32] HU W, QIAN L, GAO S, et al. Dual-band eight-element MIMO array using multi-slot decoupling technique for 5G terminals[J]. IEEE Access, 2019, 7: 153910-153920.

[33] WONG W Y. Conjoined ultra-wideband (2300-6000 MHz) dual antennas for LTE HB/WiFi/5G multi-input multi-output operation in the fifth-generation tablet device[J]. Microwave and Optical Technology Letters, 2019, 61(8): 1958-1963.

[34] CUI L, GUO J, LIU Y. An 8-element dual-band MIMO antenna with decoupling stub for 5G smartphone applications[J]. IEEE Antennas and Wireless Propagation Letters, 2019, 18(10): 2095-2099.

[35] WONG S E. High-isolation conjoined loop multi-input multi-output antennas for the fifth-generation tablet device[J]. Microwave and Optical Technology Letters, 2019, 61(1): 111-119.

[36] ZHAO A, REN Z. Wideband MIMO antenna systems based on coupled-loop antenna for 5G N77/N78/N79 applications in mobile terminals[J]. IEEE Access, 2019, 7: 93761-93771.

[37] SUN L, LI Y, ZHANG Z, et al. Wideband 5G MIMO antenna with integrated orthogonal-mode dual-antenna pairs for metal-rimmed smartphones[J]. IEEE Transactions on Antennas and Propagation, 2020, 68(4): 2494-2503.

[38] HU W, LIU X, GAO S, et al. Dual-band ten-element MIMO array based on dual-mode IFAs for 5G terminal applications[J]. IEEE Access, 2019, 7: 178476-178485.

[39] XU Z, DENG C. High-isolated MIMO antenna design based on pattern diversity for 5G mobile terminals[J]. IEEE Antennas and Wireless Propagation Letters, 2020, 19(3): 467-471.

[40] DENG C. Compact broadband multi-input multi-output antenna covering 3300 to 6000 MHz band for 5G mobile terminal applications[J]. Microwave and Optical Technology Letters, 2020, 62(10): 3310-3316.

[41] DENG C, LIU D, LV X. Tightly arranged four-element MIMO antennas for 5G mobile terminals[J]. IEEE Transactions on Antennas and Propagation, 2019, 67(10): 6353-6361.

[42] DENG C, CAO X, LI D, et al. Compact dual-band MIMO antenna with shared decoupling structure for 5G mobile terminals[J]. IEEE Antennas and Wireless Propagation Letters, 2023, 22(6): 1281-1285.

第6章　5G移动终端毫米波相控阵天线设计

毫米波频段是 5G 移动通信新开辟的频段，旨在从根本上改善频谱拥挤的现状。典型的毫米波商用规划频段包括 N257（26.5～29.5 GHz）、N258（24.25～27.5 GHz）、N260（37～40 GHz）及 N261（27.5～28.35 GHz）等。考虑到实施难度，毫米波频段在国内仍未大规模商用，许多课题有待进一步探索和论证，因而研究毫米波频段的关键技术对推动 5G 移动通信的快速发展具有重要意义。本章将基于毫米波频段介绍 5G 移动终端天线关键技术，并给出典型波束扫描相控阵天线设计实例。

6.1　毫米波频段特点和通信需求

毫米波频段的典型应用场景如图 6-1 所示。基站端布设有大规模的天线阵列，可根据用户的数量和位置，产生相应的波束数量和波束指向。移动终端的天线同样具有波束扫描能力，能够根据终端的位置和姿态实时调整波束指向。天线作为波束调控的关键部件，在 5G 移动通信系统中扮演核心器件的角色。5G 毫米波天线的研究受到了学术界和工业界的高度重视[1]。我国天线系统产业联盟从 2018 年开始举办 5G 天线与射频技术高峰论坛，集中探讨 5G 天线的产业解决方案。尽管毫米波频段的天线标准在持续演进，但业界已经在 5G 毫米波天线方面达成了一些共识。

图 6-1　毫米波频段的典型应用场景

移动终端天线的发展始终是与移动通信技术的发展相适应的。为了匹配毫米波的电波传播特性及波束赋形等关键技术，移动终端天线需要兼顾信号的视距传播距离与空间覆盖范围。这使得具备高增益和灵活波束控制能力的相控阵天线成为当前毫米波频段中普遍采用的实现方案，同时也引领移动终端天线的研发重心从传统的 Sub-6 GHz 频段的 MIMO 体制向毫米波频段的相控阵方向演化[2-3]。

另外，移动终端本身是一个高度集成的复杂平台，且具有便携性、可移动性等属性，这为天线布局和结构设计带来诸多挑战。一方面，移动终端的内部空间极为有限，智能手机的屏占比的持续攀升以及用户对于全面屏、双面屏的追求进一步压缩了为天线预留的有效辐射区域，显著增大了天线的设计难度。另一方面，由于毫米波对于障碍物的阻挡较为敏感，加之移动终端朝向具有任意性，为减少收发信号的极化失配、增强链路的健壮性，双极化天线设计具有更加突出的优势[4]。此外，研究者也致力于探寻如何有效降低手持式移动终端的用户效应[5]。相比边射，端射可减小用户对于天线辐射的遮挡作用，有助于满足毫米波天线对于 EIRP 的门限要求[6]。

6.2 移动终端毫米波相控阵天线研究现状

根据相控阵天线在移动终端内的安装位置，可将相控阵天线分为边射相控阵天线和端射相控阵天线。其中，边射相控阵天线一般集成在移动终端的后盖内，端射相控阵天线一般集成在移动终端的边框上，两者结合可实现更宽的波束覆盖。接下来将介绍一些典型的边射相控阵天线和端射相控阵天线的实现方式。

6.2.1 边射相控阵天线

边射相控阵天线的设计方法较为成熟，辐射单元一般为微带贴片天线形式。图 6-2 所示为几款可用于 5G 移动终端的毫米波边射相控阵天线。在图 6-2(a)[7]中，天线单元为工作在 28 GHz 频段的交叉偶极子形式，采用 LTCC（Low Temperature Co-fired Ceramic，低温共烧陶瓷）工艺制作，两个正交极化波束均可在−45°～45°实现波束扫描；图 6-2(b)所示的单元为多层堆叠双频段微带贴片天线[8]，高频段由上层的环形微带产生，低频段由下层的矩形切角微带贴片天线产生，可同时工作在 26 GHz 和 38 GHz 频段；图 6-2(c)所示的单元为矩形贴片[9]，通过短路柱激励零阶模来扩展带宽；图 6-2(d)所示的单元包含 3 组刻蚀在地板上的线性缝隙阵列[10]，由于缝隙单元具有双向辐射特性，每组阵列均可实现宽波束扫描；图 6-2(e)所示的单元采用了容性耦合馈电方形贴片[11]，每个单元内部加载一个圆形贴片，贴片中心与手势识别传感器相连；图 6-2(f)所示的贴片单元通过 45°旋转来降低单元间互耦，主波束可在 0°～60°实现波束扫描[12]。

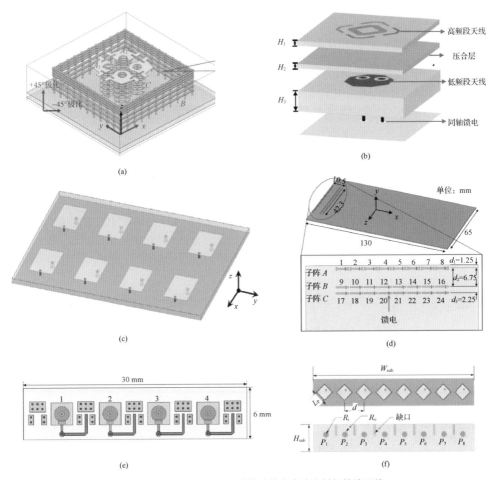

图 6-2　几款可用于 5G 移动终端的毫米波边射相控阵天线
(a)交叉偶极子　(b)多层堆叠双频段微带贴片天线　(c)矩形贴片　(d)线性缝隙阵列　(e)容性耦合馈电方形贴片
(f)45°旋转贴片

6.2.2　端射相控阵天线

　　端射相控阵天线的实现形式比边射相控阵天线的实现形式更多样，吸引了大量研究者研究，有许多新颖的双极化端射相控阵天线的设计被提出。这些研究工作主要可分为两类：一类是将天线与金属边框集成，将金属边框作为辐射体的一部分；另一类是用多层 PCB（Printed-Circuit Board，印制电路板）堆叠构造双极化端射相控阵天线。

　　图 6-3 所示为几款与金属边框集成的毫米波双极化端射相控阵天线。图 6-3(a)所示为在金属边框刻蚀的两组呈±45°倾斜的十字形缝隙阵列[13]；图 6-3(b)所示的单元为呈±45°倾斜的方形微带贴片天线[14]；图 6-3(c)所示的单元将水平极化和垂

直极化的偶极子组合在一起，两个极化独立设计[15]；图 6-3(d)所示的单元为环形缝隙，使用金属背腔来形成端射方向图[16]；图 6-3(e)所示的单元为链条槽形式[17]，水平极化和垂直极化在不同区间辐射，所有单元连通为一个长槽；图 6-3(f)所示的单元为呈±45°倾斜的领结形缝隙[18]，缝隙背后加载有金属腔体，以实现端射。所有这些阵列都可产生双极化端射波束，且具有剖面低的优点。然而，由于金属边框需要支持双极化，金属边框的高度会增加。

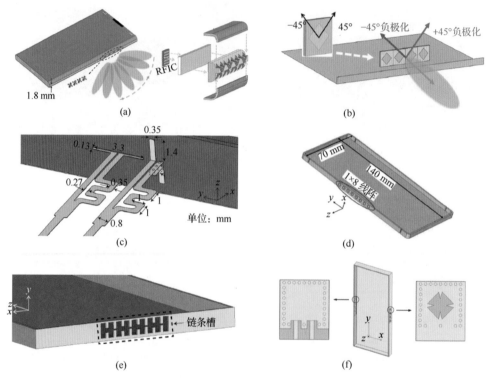

图 6-3　几款与金属边框集成的毫米波双极化端射相控阵天线
(a)十字形缝隙　(b)呈±45°倾斜的方形微带贴片天线　(c)水平极化和垂直极化的偶极子
(d)环形缝隙　(e)链条槽　(f)领结形缝隙

利用多层 PCB 堆叠构造端射相控阵天线可以降低金属边框的高度，相关设计可参考文献[19]～[24]。

6.2.3　毫米波天线与低频段天线集成

毫米波频段与 Sub-6 GHz 频段相比，对应的波长要小得多，这种差异使得毫米波天线有可能集成到低频段天线中，实现更紧凑的结构设计[25-29]。文献中给出了几款毫米波天线阵列与 Sub-6 GHz 天线集成的设计实例。例如，将毫米波天线阵列嵌套在低频段 IFA 的净空中，阵列包含 4 个单元，每个单元是二元八木天线，毫米波天线阵列可在 22～31 GHz 频段产生端射，且波束可在-50°～50°实现波束扫描，IFA 可覆盖 740～960 MHz 和 1700～2200 MHz 频段[25]；天线阵列集成了一个长槽与两个短槽[26]，长槽用于覆盖 1780～2620 MHz 频段，两个短槽在 26～30 GHz 频段可被一个多端口激励，形成波束扫描天线；使用单极子形式设计低频段天线[27]（可工作在 800 MHz 和 2000 MHz 频段），用一个四单元的 Vivaldi 天线组成毫米波天线阵列（可在 28 GHz 频段实现波束扫描）；槽天线在低频段谐振在二分之一波长模式[28]，缝隙上加载有变容二极管，可在 2～2.7 GHz 频段动态调整谐振频率，该结构在毫米波频段被复用，通过添加多个馈电端口实现波束扫描；利用金属边框与地板的空隙来设计低频段天线[29]，可覆盖 700～980 MHz 和 1700～2920 MHz 频段，毫米波天线为弯折的贴片阵列，悬浮在低频段天线上方，波束可在 45°～135°实现波束扫描，且低频段天线与毫米波天线之间具有较高的隔离度。

6.3　基于极化合成的双极化端射相控阵天线

本节所提出的双极化端射相控阵天线的概念源于两个圆极化波的组合[30-37]。根据电磁波的特性，任意线极化波均可分解为两个振幅相等、旋向相反的圆极化波。为了获得特定极化的线极化波，可将一对左旋和右旋的圆极化波进行矢量叠加。

6.3.1　天线单元设计

依据上述分析，使用带有斜槽的波导极化器设计天线，图 6-4 所示为双极化的工作原理示意。波导极化器可看作一个三端口的网络，包括两个输入端口 P_{in1}、P_{in2} 和一个输出端口 P_{out}。当两个输入端口分别激励线极化波时，输出端口可分别生成左旋圆极化波或右旋圆极化波。另外，当两个输入端口不是单独工作，而是被同相和反相的信号同时激励时，输出端口也能够生成垂直和水平极化的双线极化波。

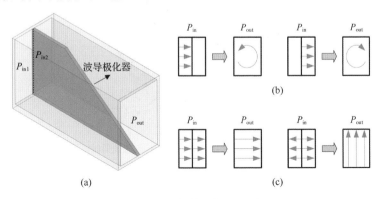

图 6-4　双极化的工作原理示意
(a)波导极化器的典型结构　(b)产生双圆极化波　(c)产生双线极化波

考虑到传统三维金属波导的加工较为复杂，采用基于 SIW（Substrate Integrated Waveguide，基片集成波导）的阶梯槽天线作为后续设计的参考天线，如图 6-5(a) 中的天线 1 所示。该天线由两层堆叠的 PCB 构成，阶梯槽刻蚀于中间的金属层。相比经典的斜槽结构，多级阶梯槽在参数调谐上可提供更多的自由度。然而，天线 1 的阻抗匹配和辐射特性与其前端加载的介质长度密切相关，通常需要较长的介质加载才能实现 SIW 内的导行波至自由空间波的平滑过渡，但会导致地板净空较大。

图 6-5 所示为金属环加载的双极化端射相控阵天线的设计流程。图 6-5 所示的 3 种情形下的地板净空宽度均为 1.5 mm（约为 0.14 λ_0，λ_0 为 28 GHz 频率对应的自由空间波长）。在天线 1 的基础上，将一个闭合的金属环加载于天线的辐射口面，如图 6-5(b)中的天线 2 所示。该金属环由印刷于天线上下表面的金属条和两侧的金属过孔构成。通过尺寸优化，可以使天线谐振于工作频段。引入两对金属连接线将金属环与馈电结构连接，由于 SIW 是一种平衡式的双线传输线，引入的连接线可将天线 2 中金属环的耦合激励方式转换为直接相连的差分激励方式，如图 6-5(c)所示。

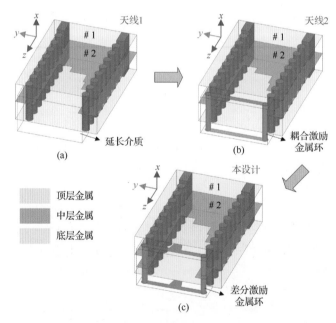

图 6-5　金属环加载的双极化端射相控阵天线的设计流程
(a)天线 1　(b)天线 2　(c)本设计

金属环加载的双极化端射相控阵天线的结构细节如图 6-6 所示，采用的介质基板是厚度为 1.524 mm 的 Rogers RO4003C（ε_r=3.55，tanδ=0.0027）。调整 SIW

馈电网络的宽度和高度，确保 TE_{10} 和 TE_{01} 两种正交模式在同一频段被激励。位于两层介质基板中间的金属层有效抑制了传统 SIW 结构中 TE_{01} 模式的能量泄漏，使得两种模式都可实现较低的插入损耗。图 6-6 中所示的金属过孔直径为 0.6 mm，相邻过孔间距为 1 mm。

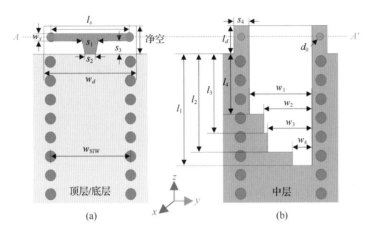

图 6-6　金属环加载的双极化端射相控阵天线的结构细节
(a)顶层/底层金属　(b)中层金属

6.3.2　工作机制及性能

对于相控阵或多端口激励的情形，有源 S 参数是表征有源端口或单元在涉及复杂耦合效应时的反射特性的重要参量。图 6-7 所示为不同天线结构的有源 S 参数和增益的仿真结果，并展现了当两个输入端口馈入同相和反相信号时的性能表现。可以看出，天线 1 呈现严重的阻抗失配，且增益较低。这主要是由于在 1.5 mm 的小净空宽度下，介质与空气的分界面处的不连续效应较为严重。在天线 2 中引入金属环后，水平极化的阻抗匹配变好且增益也有所提升。然而，该结构对垂直极化没有明显效果。为了有效地激励金属环，在本设计中增加了 4 条（两对）金属连接线，显著地优化了两种极化的反射系数和增益。通过优化连接线的尺寸，可调节不同极化的谐振频率。仿真的-10 dB 相对带宽达到 10%（26.55～29.35 GHz）。带内垂直极化和水平极化的平均辐射增益为 7.34 dBi 和 6.34 dBi，和天线 1 相比分别实现了 1.38 dB 和 2.54 dB 的增益提升。

为了明确双极化端射相控阵天线的工作机制，给出金属环横截面（横截面标识为 A 和 A'，如图 6-8 所示）的电场分布，如图 6-8 所示。当施加同相和反相激励时，能够观测到垂直方向和水平方向的正交电场，且两种极化共用相同的辐射口径。金属条和金属过孔均工作于二分之一波长模式。对于垂直极化，其谐振主要取决于加载的金属过孔，而天线上下表面的金属条和连接线作为一组平衡馈线，用于引导电流的传导。对于水平极化，金属过孔和中层的连接线构成了平衡馈线，其谐振主要取决于金属条。

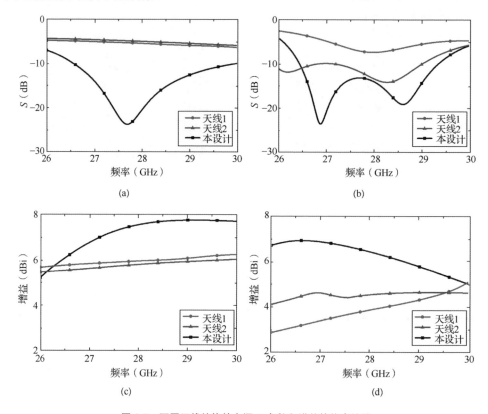

图 6-7　不同天线结构的有源 S 参数和增益的仿真结果

(a)同相激励（垂直极化）时的 S 参数　(b)反相激励（水平极化）时的 S 参数　(c)同相激励时的辐射增益
(d)反相激励时的辐射增益

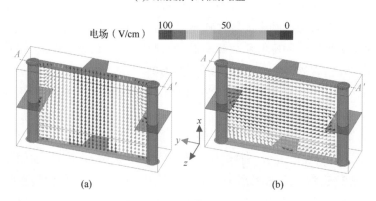

图 6-8　金属环横截面的电场分布

(a)垂直极化　(b)水平极化

引入的两对连接线是实现双极化性能的关键。在此，研究了连接线的宽度 s_1 与 s_4 对两种极化的有源 S 参数的影响。如图 6-9 所示，两对连接线起到阻抗变换器的作用，且 s_1 仅影响垂直极化的反射系数，而 s_4 只影响水平极化的反射系数。参数扫描结果表明两对连接线能够独立地控制两种极化的阻抗。

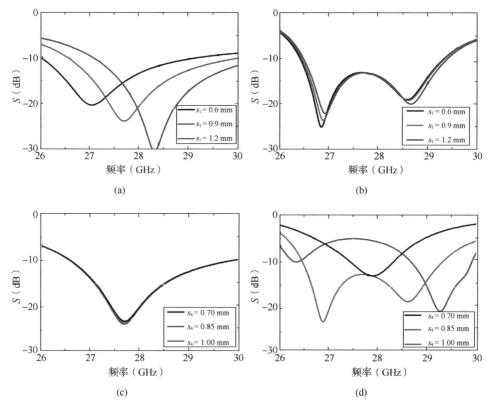

图 6-9   天线的参数分析
(a)s_1（垂直极化）   (b)s_1（水平极化）   (c)s_4（垂直极化）   (d)s_4（水平极化）

图 6-10 所示为天线在 28 GHz 的归一化辐射方向图及 3D 方向图。两种极化均呈现对称的辐射方向图，垂直极化的后向辐射略强于水平极化的。两种极化的仿真增益分别为 7.57 dBi 和 6.39 dBi。增益差出现的原因可归结为两方面：第一，由于天线口面宽度和高度不一致，天线 1 在两种极化下的增益已有差别，这表明 TE_{10} 和 TE_{01} 模式的辐射特性是不同的；第二，两种极化所依赖的不同辐射区域会导致轻微的增益差出现。此外，由于采用平衡激励方案，天线可实现高达 32 dB 的交叉极化鉴别率。

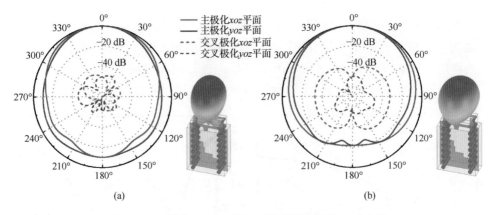

图 6-10　天线在 28 GHz 的归一化辐射方向图及 3D 方向图

(a)垂直极化　(b)水平极化

6.3.3　双极化多波束端射相控阵天线阵列

在 6.3.2 节设计的天线单元基础上构建了 1×4 端射相控阵天线阵列。阵列布局及馈电端口的设置如图 6-11 所示。其中，相邻天线单元的间距为 6.5 mm，这个数值综合考虑了波束扫描范围和单元耦合情况。

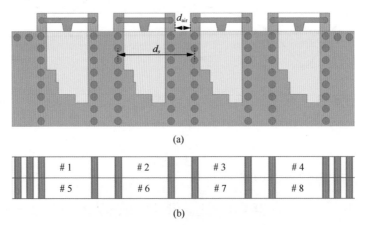

图 6-11　阵列布局及馈电端口的设置

(a)俯视图　(b)SIW 馈电网络的横截面

为进一步分析阵列在相控阵体制下的工作性能，给出了阵列在 45°和 135°这两种相位梯度下的各端口的有源 S 参数仿真结果（出于对称性考虑，只给出了一半端口的结果），如图 6-12 所示。各端口的反射系数曲线保持相对稳定，表明阵列能够在不同波束扫描角度下均保持良好的阻抗匹配。双极化多波束端射相控阵天线阵列的波束扫描方向图如图 6-13 所示。在不同的相位梯度下，两种极化的波束指向一致，且交叉极化鉴别率高于 25 dB。

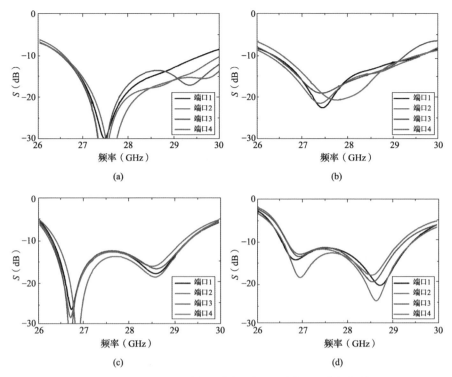

图 6-12　45° 和 135° 两种相位梯度下各端口的有源 S 参数仿真结果

(a)45°相位梯度下的垂直极化　(b) 135°相位梯度下的垂直极化　(c) 45°相位梯度下的水平极化

(d) 135°相位梯度下的水平极化

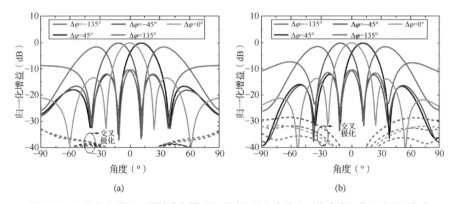

图 6-13　不同相位梯度下的波束扫描方向图（实线和虚线分别代表主极化和交叉极化）

(a)垂直极化　(b)水平极化

5G 移动终端毫米波天线阵列一般与多通道收发芯片直接集成，形成封装天线。但是这种方法的过程实现较为复杂，有两种简化方法：第一种是设计多波束馈电网络，产生多个固定指向的波束；第二种是用单元方向图合成方法。这里用第一种方法验证阵列的性能，设计了一个无源的巴特勒馈电网络。

天线阵列与 SIW 馈电网络的几何结构如图 6-14 所示。馈电网络可划分为 3 个部分，包括 4 个并行放置的 180°混合耦合器、1 个 4×4 巴特勒矩阵以及波导转换器。其中，混合耦合器提供了激励双极化天线所需的同相和反相信号，而巴特勒矩阵提供了多波束所需的不同相位梯度。二者依次级联构成了双极化多波束馈电网络。端口 1～4 和端口 5～8 分别位于该馈电网络的顶部和底部，用以馈入垂直极化和水平极化的激励信号。

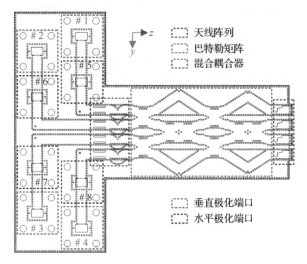

图 6-14　天线阵列与 SIW 馈电网络的几何结构

巴特勒矩阵的仿真结果如图 6-15 所示。26.5～29.5 GHz 频段的反射系数和互耦的平均值低于-22 dB。当分别激励 4 个输入端口时，相邻输出端口可获得 4 种稳定的线性相位梯度，依次为 45°、-135°、135°和-45°，且相位波动小于 4.3°。此外，可以通过感性金属柱实现波导直角转换。

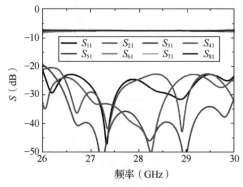

图 6-15　巴特勒矩阵的仿真结果

6.3.4　仿真和测试结果

对 6.3.3 中的设计进行实际加工测试，利用标准 PCB 工艺分别制作上下两层介质基板，然后通过紧固螺钉紧密压合介质基板。装配后的天线实物如图 6-16 所示。天线两侧布局了 4 个波导-同轴适配器，便于测试。天线整体尺寸为 124.5 mm× 105 mm×3.048 mm。

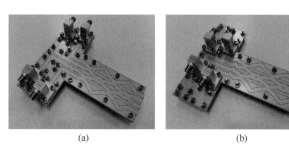

(a)　　　　　　　　　　　　(b)

图 6-16　装配后的天线实物
(a)俯视图　(b)仰视图

各端口反射系数的仿真和测试结果如图 6-17 所示。由于天线结构具有对称性，其余 4 个输入端口的结果与图 6-17 相似。仿真和测试结果高度一致。在整个

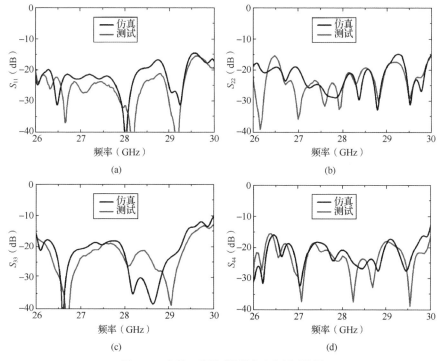

图 6-17　各端口反射系数的仿真和测试结果
(a)S_{11}　(b)S_{22}　(c)S_{33}　(d)S_{44}

频段，所有端口的回波损耗均高于 10 dB。图 6-18 所示为端口互耦的仿真和测试结果。在 26.57～29.34 GHz 频段，仿真的端口隔离度高于 15 dB，在测试结果中，26.5～29.5 GHz 频段的端口隔离度高于 15 dB。仿真和测试结果之间的偏差可能来自实际加工与手工装配中的误差。

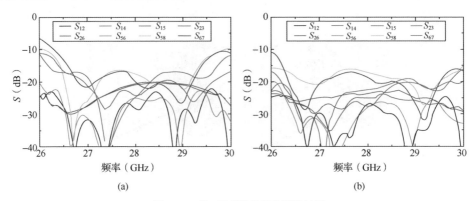

图 6-18　端口互耦的仿真和测试结果
(a)仿真结果　(b)测试结果

天线阵列在 28 GHz 的波束扫描方向图的仿真和测试结果如图 6-19 所示。测试结果能够与仿真结果较好地吻合。在 3 dB 的增益波动下，两种极化的 4 个定向波束均可覆盖的方位角的范围为-48°～48°。测试的垂直极化和水平极化的交叉极化鉴别率分别达到 19 dB 和 16 dB。

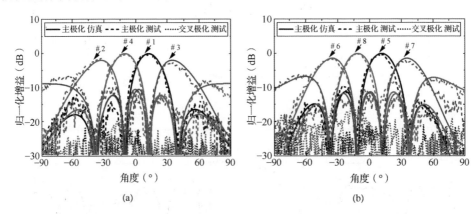

图 6-19　天线阵列在 28 GHz 的波束扫描方向图的仿真和测试结果
(a)垂直极化　(b)水平极化
注：#1～#8 表示不同指向的波束。

图 6-20 所示为分别激励端口 1 和端口 5 时所获得的仿真增益和测试增益。通带内的增益波动可保持相对稳定，垂直极化和水平极化的测试峰值增益分别

达到 9.38 dBi 和 9.51 dBi。其中，波导-同轴适配器的插入损耗已经通过背靠背测量的方式校准。

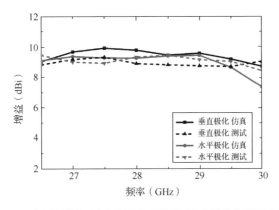

图 6-20 分别激励端口 1 和端口 5 时所获得的仿真增益和测试增益

表 6-1 所示为本设计的关键指标与文献中设计的指标的对比。可以看出，本设计中的天线具有最小的地板净空宽度。受天线末端地板的影响，文献[19]~[20]中的天线辐射方向图均表现为不对称的倾斜波束。与文献[19]~[20]、[32]~[33]相比，本设计中的单元交叉极化鉴别率更高。文献[31]中的双极化磁电偶极子虽然具有更大的带宽，但需要更大的地板净空宽度和三层介质基板支撑。值得指出的是，本设计中的激励方案不局限于无源波束赋形技术，也可以运用其他技术产生所需的馈电信号。当本设计中的激励方案应用于相控阵体制或低损耗的波束赋形网络时，阵列的增益可进一步提升。

表 6-1 本设计的关键指标与文献中设计的指标的对比

文献	阵列形式	介质基板层数	相对带宽	波束是否对称	单元交叉极化鉴别率（dB）	阵列增益（dBi）	地板净空宽度（mm）
文献[19]	1×4（并馈）	3	25%	否	11.1	11（平均）	12.8
文献[31]	1×8（并馈）	3	18%	是	40	16.1（最大）	2.86
文献[32]	1×4（相控阵）	2	7%	是	10	8.14（最大）	2.7
文献[20]	1×4（相控阵）	4	19%	否	5.7	9.27（最大）	1.8
文献[33]	1×4（多波束）	2	11.3%	是	20	9（平均）	7
本设计	1×4（多波束）	2	10%	是	32	9.51（最大）	1.5

6.4 双极化小净空端射相控阵天线

本节提出一种双极化小净空端射相控阵天线[38]，通过多层 PCB 堆叠构造水平极化和垂直极化的辐射结构，实现紧凑型阵列设计。

6.4.1 天线阵列结构

双极化小净空端射相控阵天线的阵列布局如图 6-21 所示，由两层介质基板通过中间的半固化片竖直紧密压合而成，介质基板型号均为 Rogers RO4003C（ε_r=3.55，tanδ=0.0027），半固化片型号为 Rogers RO4450F（ε_r=3.52，tanδ=0.004），板材厚度 h_s 和 h_p 分别为 0.813 mm 和 0.102 mm。3 层金属层（$M_1 \sim M_3$）依次分布于介质基板 1 的上表面、介质基板 2 的上表面和下表面。M_1 和 M_3 分别安装了 4 个表贴式的 Mini-SMP 连接器，它们将用于天线阵列的馈电。如图 6-21(b)所示，垂直极化端口定义为#1～#4，相应的馈电盲孔连接 M_1 与 M_2；下方的水平极化端口定义为#5～#8，馈电盲孔连接 M_2 与 M_3；其余的金属过孔均贯穿整个天线结构，实现 3 层金属层的电气连接。

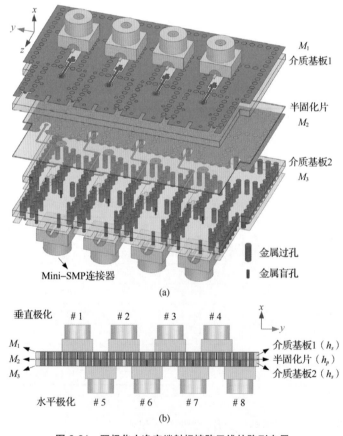

图 6-21 双极化小净空端射相控阵天线的阵列布局
(a)爆炸视图 (b)侧视图

图 6-22 所示为阵列各层的详细几何结构。垂直极化由 SIW 口径处加载的 4 对顶帽偶极子激励产生。金属过孔与矩形贴片（M_1、M_2、M_3）的组合缩小了偶极子单元的尺寸，提高了整体结构的紧凑度。在距离 SIW 末端 l_3 处设置了额外的匹配柱，以扩展垂直极化的工作带宽。每个垂直极化单元均由容性金属圆盘加载的金属盲孔激励，并通过共面波导转换结构与顶层的 Mini-SMP 连接器相接。

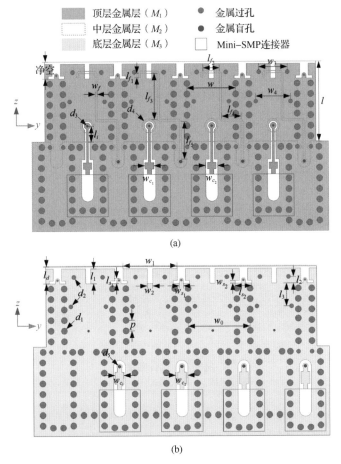

图 6-22　双极化小净空端射相控阵天线阵列各层的详细几何结构
(a)俯视图　(b)仰视图

为了在垂直极化的基础上产生水平极化，利用顶帽偶极子之间的空间构造开口槽结构。在 M_2 引入了弯折的带状线，并使之横跨于开口槽两侧，以激励矩形贴片边缘的水平电流，从而辐射端射方向的水平极化波。与垂直极化相似，水平极化通过位于底层的 4 个 Mini-SMP 连接器和共面波导转换结构馈入信号，然后利用金属盲孔和 SIW 间的间隙将能量由 M_3 导入弯折的带状线。

在这种组合下，水平极化结构不会破坏原有的垂直极化结构，且不需额外增加地板净空宽度 l_d，即两种极化可以共用相同的辐射体，并通过馈电激励形式的差异实现共存，极大地减小了天线单元的尺寸以及设计复杂度。相邻天线单元之间通过解耦柱和解耦槽构成的解耦结构优化两种极化的端口隔离度与辐射特性。所设计的天线地板净空宽度仅为 1.6 mm，阵列整体尺寸为 28.8 mm×16.1 mm×1.728 mm。

6.4.2 单个天线单元工作机制及性能

下面分析单个天线单元的工作机制，单元的设计流程如图 6-23 所示。以终端开路的 SIW 天线为基础，天线 1 在其上加载一对顶帽偶极子，以产生垂直极化端射。为了增大天线带宽，天线 2 中对称地插入两个匹配柱，形成一阶感性加窗，在不影响辐射性能的同时改善了阻抗匹配。通过引入多阶加窗，还可构成多级谐振结构，从而进一步扩展工作带宽，但天线长度也将增大。在此基础上，本设计利用位于两层 SIW 中间的带状线形成组合式馈线，分别激励加载结构以产生两种正交极化波。

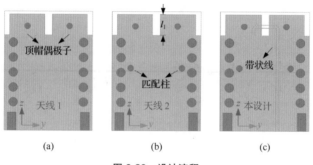

图 6-23　设计流程
(a)天线 1　(b)天线 2　(c)本设计

图 6-24 所示为上述 3 种天线结构的 S 参数仿真结果，其中，垂直极化端口定义为端口 1，水平极化端口定义为端口 2。如图 6-24(a)所示，相比无加载结构的 SIW，顶帽偶极子结构能够有效地改善天线的阻抗匹配。在保持介质基板厚度一定的情况下，贴片长度 l_1 可调节偶极子的谐振频率。天线 2 中增加的匹配柱实现了宽频段垂直极化，如图 6-24(b)所示，天线 2 的工作频段覆盖 24.41～30.07 GHz，相比天线 1 覆盖的频段更宽。与此同时，利用弯折的带状线激励开口槽结构，所产生的水平极化可呈现良好的宽频段特性，如图 6-24(c)所示，参数 l_1 同时用于表征开口槽长度。当 l_1 增大时，水平极化的工作频段向低频移动，并能够覆盖整个频段。双极化的重合频段为 24.46～30.04 GHz，如图 6-24(d)所示。由于 SIW 和带状线的传输模式分别为 TE_{10} 模式和准 TEM 模式，两种传输线能够呈现极低的耦

合，这使得双极化天线的隔离度高达 50 dB。

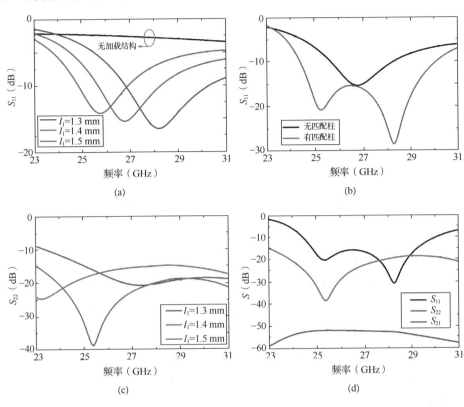

图 6-24　3 种天线结构的 S 参数仿真结果
(a)天线 1　(b)天线 2　(c)本设计（水平极化）　(d)本设计（双极化）

　　加载结构在 27 GHz 的矢量表面电流分布如图 6-25 所示。当激励垂直极化时，顶帽偶极子结构工作于二分之一波长模式，电流集中于两个金属过孔上，而顶层和底层矩形贴片上的电流方向相反，表明此时的辐射由金属过孔主导。当激励水平极化时，开口槽附近表现出较强的电流分布，金属过孔上电流的方向相反且极其微弱，表明此时的辐射由两层矩形贴片所主导。另外，开口槽两侧沿 z 方向的边缘电流的方向相反，而沿 y 方向的边缘电流的方向相同，这使得水平极化具有类似偶极子的辐射特性，而顶层和底层电流分布的一致保证了端射方向图的良好对称性。

　　天线单元在 27 GHz 的辐射方向图如图 6-26 所示。两种极化均呈现对称的辐射方向图，垂直极化的端射方向的增益为 3 dBi，水平极化的端射方向的增益为 2.23 dBi。值得指出的是，在双极化阵列基础上添加解耦结构后，水平极化单元的增益可进一步改善。此外，垂直极化和水平极化单元的交叉极化鉴别率分别为

---

45 dB 和 26 dB，均具有较高的极化纯度，这是由于两种极化激励方案本质上都为平衡式的差分激励。

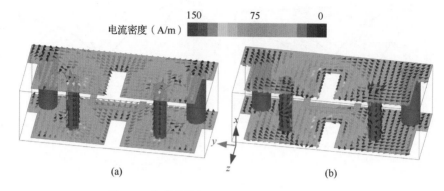

图 6-25　加载结构在 27 GHz 的矢量表面电流分布
(a)垂直极化　(b)水平极化

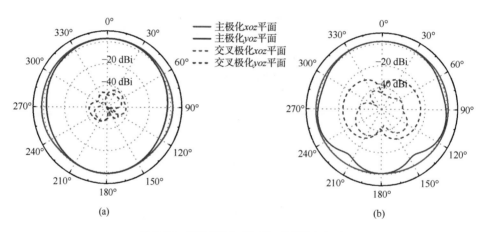

图 6-26　天线单元在 27 GHz 的辐射方向图
(a)垂直极化　(b)水平极化

6.4.3　四元阵列及解耦结构设计

利用 6.4.2 节的天线单元建立的 1×4 端射相控阵天线阵列如图 6-27 所示。为了使阵列能够在更小的单元间距下获得较宽的波束扫描范围，在相邻单元之间设计了由解耦柱和解耦槽构成的解耦结构，以降低单元间耦合。其中，解耦柱通过金属短带分别与顶层、底层金属板相连，以提高垂直极化的端口隔离度；解耦槽刻蚀于馈电 SIW 的末端，并沿 y 方向延伸至矩形贴片内部，同时提升两种极化的端口隔离度；设置的单元间距为 6 mm（约为 0.54 λ_0，λ_0 为 27 GHz 频率对应的自由空间波长）。为了保证天线结构的对称性，适当延长了介质基板的横向尺寸并对位于阵列边缘的两个单元增设了同样的解耦结构。

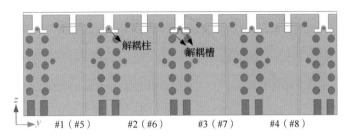

图 6-27　1×4 端射相控阵天线阵列

图 6-28 所示为解耦结构对两种极化的端口隔离度的作用效果。当不加入解耦结构时,两种极化在 $0.54\lambda_0$ 的单元间距下的端口隔离度最大仅为 13 dB 和 9 dB(基于原始数据得到的)。当插入解耦柱后,垂直极化的端口隔离度增加了 2.5 dB。然而,解耦柱仅可作为垂直极化单元两侧的电边界,无法对水平极化发挥作用。如图 6-28(b)所示,水平极化的端口隔离度几乎未受解耦柱的影响。在此基础上,通过增加具有扼流作用的解耦槽结构,两种极化的端口隔离度都可得到明显的改善。

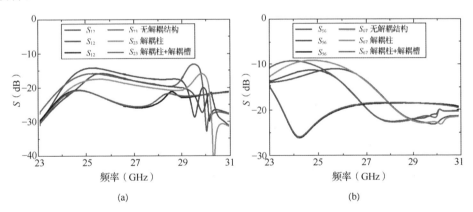

图 6-28　解耦结构对两种极化的端口隔离度的作用效果
(a)垂直极化　(b)水平极化

四元阵列的 S 参数仿真结果如图 6-29 所示。由于阵列结构的对称性,图 6-29(a)给出了其中 4 个端口的反射系数曲线,其余端口的特性与这 4 个端口的相似。垂直极化的工作频段为 24.72～29.65 GHz,而水平极化的阻抗匹配更优,工作频段为 24.19～31 GHz。图 6-29(b)所示为各端口互耦曲线,各端口隔离度均高于 18 dB。

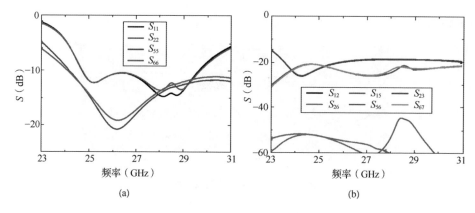

图 6-29 四元阵列的 S 参数仿真结果
(a)反射系数　(b)端口互耦

通过对四元阵列的各端口馈入线性相位梯度的激励信号，可得波束扫描方向图，如图 6-30 所示。垂直极化和水平极化的峰值增益分别为 8.59 dBi 和 10.26 dBi。其中，水平极化通过所设计的解耦结构实现了明显的增益提升。在 ±150° 的相位梯度下，两种极化的波束扫描范围分别为 -46°～46° 和 -44°～44°，且扫描增益均高于7 dBi，交叉极化鉴别率均大于 25 dB。相对而言，水平极化的增益波动更明显，垂直极化的峰值增益虽较小，但在相控阵工作时呈现更好的增益稳定性。

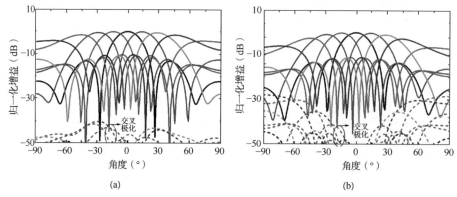

图 6-30 四元阵列在 27 GHz 的波束扫描方向图（实线和虚线分别代表主极化和交叉极化）
(a)垂直极化　(b)水平极化

6.4.4　仿真和测试结果

为了模拟相控阵的工作情形，需要利用阵列各单元的测试数据进行波束合成。在相控阵阵因子基础上，可推导合成后阵列方向图的表达形式，此处不赘述。

在天线测试过程中，更容易测得各单元的增益方向图。据此，可量化分析相控阵的波束扫描特性。

　　通过多层 PCB 工艺对所设计的天线进行实物加工，以验证双极化小净空端射相控阵天线的实际性能。如图 6-31 所示，天线由两层介质基板和中间的半固化片经高温高压黏合而成，8 个 Mini-SMP 连接器分别贴装于天线的上下表面，通过相适配的测试电缆或转接器（SMPM 2.92 mm）馈入双极化的激励信号。以下测试结果已对连接电缆的插入损耗进行了校准补偿。

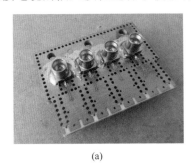 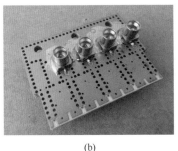

(a)　　　　　　　　　　　　　　(b)

图 6-31　天线实物
(a)俯视图　(b)仰视图

　　图 6-32 所示为各端口反射系数的仿真和测试结果。两种极化的重叠相对带宽的仿真结果为 21.4%，测试结果为 14.6%。相对而言，垂直极化的测试曲线能够与仿真曲线较好地吻合，而水平极化表现出两个明显的谐振响应，测试带宽窄于仿真带宽。仿真和测试结果的差异一方面可归因于加工精度的限制，另一方面可归因于 Mini-SMP 连接器的仿真误差及手工焊接的定位误差所引入的阻抗失配。

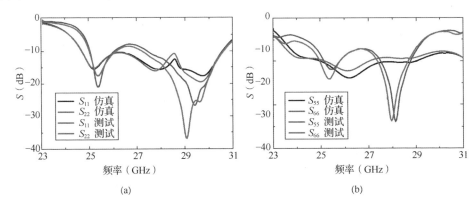

(a)　　　　　　　　　　　　　　(b)

图 6-32　各端口反射系数的仿真和测试结果
(a)垂直极化　(b)水平极化

　　图 6-33 给出了阵列端口互耦的仿真和测试结果，仿真和测试曲线吻合较好。在工作频段内，端口隔离度的仿真和测试值分别高于 15 dB 和 18 dB。

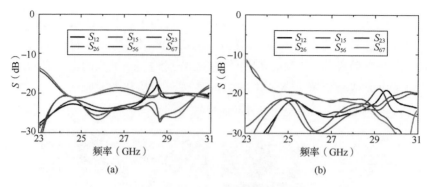

图 6-33　阵列端口互耦的仿真和测试结果
(a)仿真值　(b)测试值

四元阵列在 27 GHz 的波束扫描方向图的仿真和测试结果如图 6-34 所示，图中的实线和虚线分别对应仿真和测试结果。方向图的测试结果由阵列方向图的测试值经波束合成得到，即分别测试 8 个端口单独激励时的远场数据，再利用阵列波束合成方法计算不同激励相位所对应的扫描方向图。可以看出，在相位梯度分别为 0°、50°、100° 与 150°时，仿真和测试结果呈现相同的波束指向。

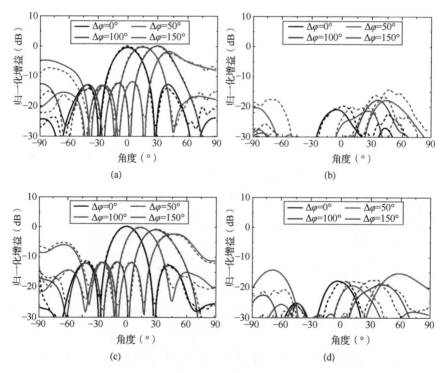

图 6-34　四元阵列在 27 GHz 的波束扫描方向图的仿真和测试结果
(a)垂直极化主极化　(b)垂直极化交叉极化　(c)水平极化主极化　(d)水平极化交叉极化

　　垂直极化和水平极化的波束扫描范围分别为-42°～42°和-49°～49°，且扫描损耗小于 2.5 dB。在波束扫描过程中，两种极化的交叉极化电平小于-14 dB。由于馈电转换结构的影响，交叉极化鉴别率低于阵列在理想端口激励下的结果。但在移动终端天线实际应用时，天线模块与芯片的集成可进一步消除馈电结构的影响。

　　阵列峰值增益的仿真和测试结果如图 6-35 所示。测试所得垂直极化和水平极化的峰值增益分别为 9.3 dBi 和 9.7 dBi。Mini-SMP 连接器的金属壳体作为反射器使得垂直极化的增益有所提升。在工作频段内，两种极化的增益波动均小于 1.3 dB。

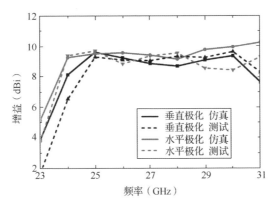

图 6-35　阵列峰值增益的仿真和测试结果

　　表 6-2 所示为本设计与同类型的移动终端毫米波相控阵天线的性能对比。可以看出，本设计具有最小的地板净空宽度。在工作频段方面，本设计的相对带宽大于同类型的移动终端毫米波相控阵天线。此外，本设计实现了良好的宽角度波束覆盖。

表 6-2　本设计与同类型的移动终端毫米波相控阵天线的性能对比

文献	介质基板层数	剖面高度（mm）	相对带宽	波束是否对称	单元交叉极化鉴别率（dB）	地板净空宽度（mm）	3 dB 波束扫描范围
文献[32]	2	1.1	7%	是	10	2.7	-40°～40°*
文献[21]	2	1.6	16.5%	是	13	3.4	-44°～44°*
文献[22]	2	1.1	14.3%	是	15	3.5	-40°～35°*
文献[20]	4	2.2	19%	否	5.7*	1.8	-34°～33°
文献[23]	2	2.2	18.5%	否	8.8*	4.2	-50°～50°
本设计	2	1.73	21.4%*	是	26*	1.6	-42°～42°

　　注：*表示仿真结果。

6.5　双极化单层端射相控阵天线

　　目前的毫米波双极化端射相控阵天线大多使用多层介质基板，基于单层结构的简易设计方法至今仍突破不大，特别是在极有限的自由度下，单层设计的限制与天线多功能集成的矛盾将更加突出。本节旨在攻克难以用单层介质基板构建毫米波双极化端射相控阵天线的技术难题[39]，并在一层厚度为 1.524 mm 的介质基板上集成高性能的相控阵天线。

6.5.1　天线阵列结构

双极化单层端射相控阵天线的阵列布局如图 6-36 所示，天线印刷于一层厚度为 1.524 mm 的 Rogers RO4003C（ε_r=3.55，tanδ=0.0027）介质基板上，介质基板上下的金属层分别标识为 M_1 和 M_2。5 个垂直极化单元和 4 个水平极化单元沿 y 轴方向周期性交错排布。垂直极化单元为加载了两级栅格型金属条的终端开路的 SIW 天线，水平极化单元由 GCPW（Grounded Coplanar Waveguide，接地共面波导）渐变结构和两级 V 形寄生振子组成。在阵列两侧额外引入了两个水平极化哑元，为边缘单元提供对称的边界条件。相邻单元的间距为 6.5 mm，阵列的整体尺寸为 36.3 mm×16.8 mm×1.524 mm。所采用的金属过孔直径为 0.6 mm，相邻过孔间距为 1 mm。

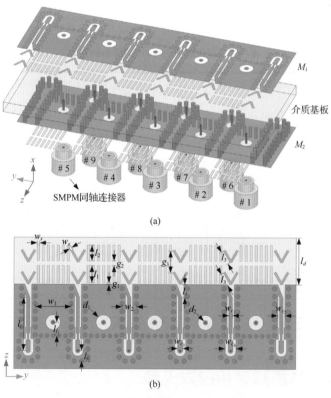

(a)

(b)

图 6-36　双极化单层端射相控阵天线的阵列布局
(a)爆炸视图　(b)俯视图

　　两种极化均采用同轴探针在 M_2 底部馈电。为便于测试，选用了 9 个光孔插拔式的 SMPM 同轴连接器。两种极化的馈电端口均沿 y 轴方向共线排列，垂直极化端口依次定义为#1～#5，水平极化端口依次定义为#6～#9。

　　垂直极化单元基于终端开路的 SIW 天线构建，其几何结构如图 6-37 所示。由于介质基板的剖面高度受限，介质填充的开口波导结构往往存在较为严重的阻抗失配与明显的后向辐射现象。因此，在天线辐射口径处加载过渡结构是低剖面下提升性能的一种有效方法。

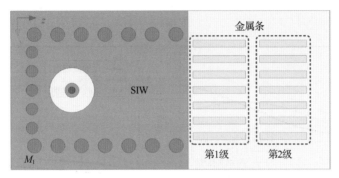

图 6-37　垂直极化单元的几何结构

　　所设计的垂直极化单元采用了两级栅格型的金属条加载结构。两级金属条的长度分别为 l_1 和 l_2，形成一组级联的耦合谐振器，分别在带内产生两个邻近的谐振点，以扩展工作带宽。通过调节金属条的间距及金属条与 SIW 末端的距离，两级加载结构可呈现相似的场强分布，并显著抑制端射相控阵天线的后向辐射。天线采用同轴探针馈电，通过在 M_1 设计环槽结构引入容性加载，从而实现良好的阻抗匹配与模式转换。

　　图 6-38 所示为两级金属条对垂直极化单元性能的影响。当 SIW 前端不加载金属条结构时，单独的介质延伸不能实现良好的阻抗匹配，S_{11} 高于-4 dB，且前后比仅为 1.3～5.2 dB。在引入第 1 级金属条后，天线可在 25.3 GHz 附近产生谐振，-10 dB 带宽已能覆盖 24.04～27.59 GHz 频段，且增益也有所提升。然而，这一结构对于前后比的提升作用仍然较为微弱。相较于无加载结构，前后比平均提高 2.56 dB。

　　在此基础上，通过加载第 2 级金属条，天线能够在 29.1 GHz 附近产生高频谐振，该高频谐振点与 25.3 GHz 处的低频谐振点共同实现了宽频段内的良好阻抗匹配。此时，天线的-10 dB 相对带宽可达 23.8%，覆盖 24.01～30.51 GHz 频段。而且，天线增益与前后比都已得到明显改善。在工作频段内，平均增益为 6.43 dBi，前后比的峰值高达 33 dB。

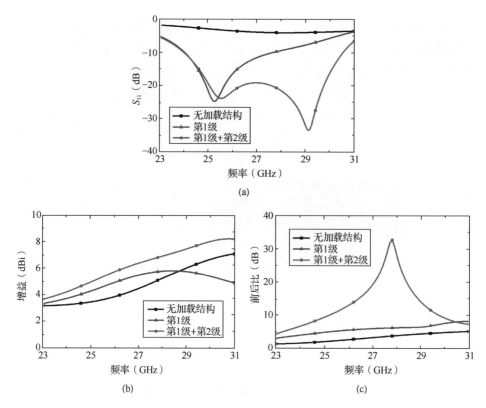

图 6-38　两级金属条对垂直极化单元性能的影响

(a)S_{11}　(b)增益　(c)前后比

垂直极化单元在 27 GHz 的辐射方向图如图 6-39 所示。辐射方向图呈现良好的对称性，端射方向的增益为 6.41 dBi，前后比为 20 dB，交叉极化鉴别率为 35 dB。

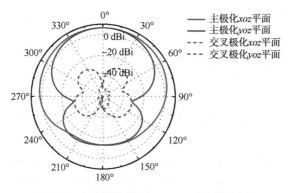

图 6-39　垂直极化单元在 27GHz 的辐射方向图

为了使单层介质基板同时支持两种极化的波束扫描，需要实现天线单元的小型化设计与紧凑集成。本节的水平极化单元基于 GCPW 传输线紧凑排布于相邻的垂直极化单元之间，几何结构如图 6-40 所示。由于 GCPW 中心导带两侧的电场方向相反，为了避免端射波束分裂，提出以弯折的 GCPW 构建渐变结构。其中，导带沿 y 方向弯折并在末端与 GCPW 一侧的接地面短路相接，以此抑制 GCPW 的反相位电场，通过渐变辐射形成水平极化的场分布。同时，在 M_1 引入两级 V 形寄生振子以提高端射方向性。寄生振子两臂夹角为 60°，经 V 形弯折得以工作于二分之一波长模式。通过优化两级 V 形寄生振子的间距，可以显著提升增益稳定性。天线通过阻抗变换段及 GCPW 渐变结构与同轴探针相连，馈电点设置于垂直极化单元左侧，以容纳 SMPM 同轴连接器。

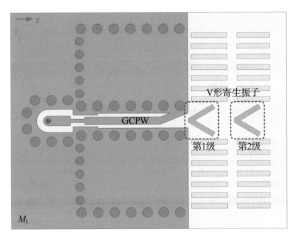

图 6-40　水平极化单元的几何结构

　　图 6-41 所示为 V 形寄生振子对水平极化单元性能的影响。由于水平极化单元排列较为紧凑，且容易受到相邻单元的影响，故在分析过程中保留了两侧的垂直极化单元及加载的两级金属条，使分析结果更加接近实际情形。可以看出，所设计的 V 形寄生振子作为寄生结构不会明显影响天线的阻抗匹配，且无振子结构时天线利用 GCPW 渐变结构能够有效支持水平极化，并覆盖较宽的频段区间。然而，渐变结构自身的辐射能力有限，最大端射方向的增益为 4.39 dBi，且前后比仅能在 27 GHz 附近较窄的频段内达到 10 dB 左右。当引入第 1 级 V 形寄生振子后，天线增益和前后比都有显著提升：最大增益为 6.67 dBi，前后比峰值已达 22 dB。但这一结构在高频处的增益波动较为剧烈，3 dBi 增益带宽仅可覆盖 24.31～28.2 GHz 频段，明显窄于天线的工作频段。

　　相比之下，两级 V 形寄生振子加载结构可实现更优的辐射性能。该天线的 −10 dB 相对带宽为 26.4%，且 3 dBi 增益带宽可覆盖 24.35～29.99 GHz，增益较只加载第 1 级 V 形寄生振子的更加平坦、稳定。天线可实现 6.58 dBi 的峰值增益与较大的前后比。

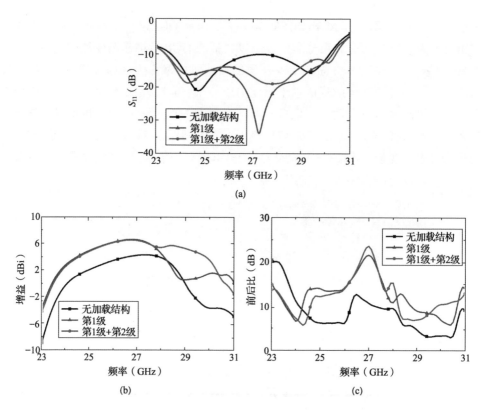

图 6-41　V 形寄生振子对水平极化单元性能的影响

(a)S_{11}　(b)增益　(c)前后比

图 6-42 所示为水平极化单元在 27 GHz 的辐射方向图，表现出一定的波束倾斜。在波束扫描平面（*yoz* 平面）内，天线仍具有良好的定向辐射特性，端射方向的增益为 6.51 dBi，上半平面内的交叉极化鉴别率高于 16 dB。

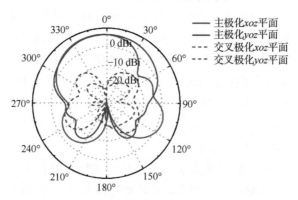

图 6-42　水平极化单元在 27 GHz 的辐射方向图

6.5.2　仿真和测试结果

对所提出的双极化单层端射相控阵天线进行加工和实验验证，实物原型如图 6-43 所示，只需使用单层介质基板即可。两排 SMPM 同轴连接器焊接于介质基板的一侧，通过 SMPM 2.92 mm 转接器及电缆组件与测试设备相接，分别实现对两种极化的馈电激励。

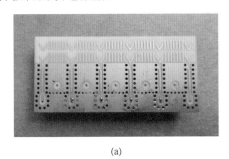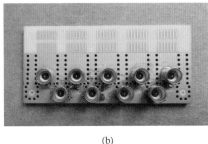

(a)　　　　　　　　　　　　　　　(b)

图 6-43　天线实物原型
(a)俯视图　(b)仰视图

图 6-44 所示为天线阵列各端口的反射系数曲线。由于阵列结构呈对称分布，此处只给出了垂直极化端口（#1～#3）与水平极化端口（#6、#7）的 S 参数，其余端口的特性与它们的相似。从图 6-44 中可以看出，两种极化端口都能实现良好的阻抗匹配。与天线单元单独工作时的结果相比，垂直极化的工作频段向高频略有偏移。两种极化端口重叠的-10 dB 相对带宽可达 21.3%，能够覆盖 N257、N258和 N261 频段。

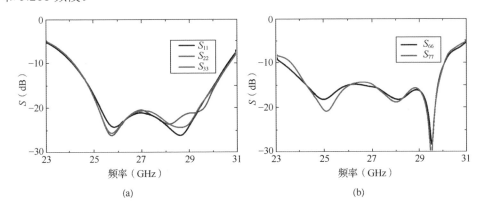

(a)　　　　　　　　　　　　　　　(b)

图 6-44　天线阵列各端口的反射系数曲线
(a)垂直极化　(b)水平极化

端口互耦曲线如图 6-45 所示。在工作频段内，两种极化端口之间和相邻极化端口之间均具有较高的隔离度，任意端口的互耦电平低于-18 dB。这在一定程度上归因于两种极化端口的高增益定向辐射，也为相控阵天线的波束扫描创造了条件。

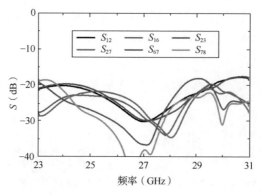

图 6-45　端口互耦曲线

图 6-46 所示为天线阵列在 27 GHz 的波束扫描方向图。垂直极化和水平极化的最大端射方向的增益分别为 12.53 dBi 和 12.39 dBi。在 3 dB 的增益波动内，垂直极化的波束扫描范围为-43°～43°，水平极化的波束扫描范围略小于垂直极化的，为-36°～38°。出现这种情况是由于 SIW 前端加载的金属条会影响水平极化，而 V 形寄生振子结构不会明显作用于垂直极化，从而在一定程度上限制了水平极化的波束扫描范围。

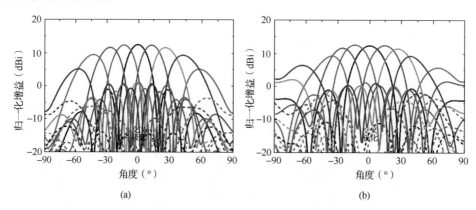

(a)　　　　　　　　　　(b)

图 6-46　天线阵列在 27 GHz 的波束扫描方向图（实线和虚线分别代表主极化和交叉极化）
(a)垂直极化　(b)水平极化

天线阵列的峰值增益曲线如图 6-47 所示。从图 6-47 中可以看出，垂直极化呈现更高的增益稳定性。垂直极化和水平极化的最大增益分别为 13.23 dBi 和 13.65 dBi。在工作频段内，两种极化的增益均高于 8.6 dBi。

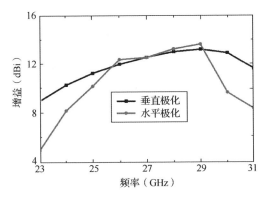

图 6-47　天线阵列的峰值增益曲线

　　由于双极化单层端射相控阵天线的设计难度明显高于多层结构的,因此相关的文献、报道极为有限。为了表明所提出结构的性能优势,将本设计的关键指标与当前公开的两篇文献中的单层设计的进行对比,如表 6-3 所示。文献[34]中的设计虽然只有一层介质基板,但单元间距已接近一个波长。因此该设计仅生成了定向端射波束,没有波束扫描能力。另外,文献[24]中虽然以紧凑的单元排布实现了宽频段相控阵设计,但需要较厚的介质基板抑制垂直极化在端射方向的信号零点的强度,且未给出天线阵列在两种极化下的波束扫描性能。相比之下,本设计以单层结构实现了宽频段、低剖面与端口高隔离,并能够实现良好的宽角度波束覆盖。

表 6-3　本设计与文献中设计的关键指标对比

文献	剖面高度 (mm)	工作频段	隔离度 (dB)	单元间距 (mm)	波束是否 扫描	扫描范围
文献[34]	1.27	24～32 GHz	18.85	10	否	—
文献[24]	1.575	28/38 GHz	14	6.6	是	—
本设计	1.524	24.24～30.02 GHz	18	6.5	是	−36°～38°

6.6　双极化贴片与介质棒相控阵天线

　　金属边框的引入提升了整机的质感,也为终端天线的布局提供了更多的设计策略。图 6-48 所示的金属边框的开窗设计为双极化端射相控阵天线在 5G 移动终端内部一种可能的应用场景。本节从毫米波双极化端射相控阵天线与金属边框的协同设计出发,论述两款具有不同辐射结构的金属边框集成天线原型。

　　首先,基于微带贴片天线具有的低剖面优势,设计一款±45°毫米波双极化贴片相控阵天线阵列[40],比较两种不同的双极化激励方案在阻抗匹配与耦合性能上的差异,并提出易于集成的金属封装方案。然后,针对传统金属波导激励的介质棒天线难以与现有平面集成技术兼容的缺陷,设计一款平面缝隙激励的毫米波双极化介质棒相控阵天线[41]，给出紧凑的单层微带-缝隙耦合馈电方案，并验证天线阵列在终端设备集成环境下的性能表现。

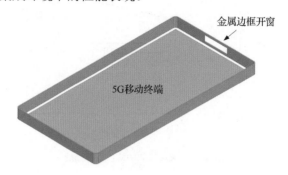

图 6-48　金属边框的开窗设计

6.6.1　毫米波双极化贴片相控阵天线阵列

从成本与性能的角度，四元阵列是较为合适的选择。为实现四元双极化贴片相控阵天线阵列的设计，使用基于双探针的双馈技术在方形贴片的两个正交方向引入馈电点。图 6-49 所示分别为两种类型的双极化贴片相控阵天线阵列的激励方案，图 6-49(a)所示是将馈电点置于 φ（方位角）=0° 和 φ=90° 的平面上，以激励垂直极化和水平极化，图 6-49(b)所示是将馈电点置于 φ=±45° 的平面上，以激励±45°双极化。所构建的金属贴片印刷在厚度为 0.813 mm 的 Rogers RO4003C（ε_r=3.55，tanδ=0.0027）介质基板上。其中，贴片的大小为 2.5 mm×2.5 mm，贴片单元中心间距为 5 mm（约为 $0.47\lambda_0$，λ_0 为 28 GHz 频率对应的自由空间波长）。经过优化调谐，各贴片单元均工作在 28 GHz 频段且阻抗匹配至 50 Ω。选定的金属地板的尺寸为 20 mm×5 mm。

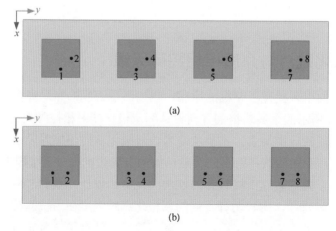

图 6-49　两种类型的双极化贴片相控阵天线阵列的激励方案
(a)垂直/水平极化　(b)±45°双极化

图 6-50 和图 6-51 分别比较了两种激励方案下的反射系数和端口互耦曲线。从图 6-50(a)中可以看出，4 个贴片单元的谐振频率已经偏离所设定的 28 GHz 中心频率，而图 6-50(b)所示的反射系数曲线可保持稳定。此外，从图 6-51(a)中可以看出，垂直/水平极化激励方案对应的端口隔离度最大仅为 12 dB，而从图 6-51(b)中可以看出，±45°双极化激励方案对应的端口隔离度可达 14 dB。

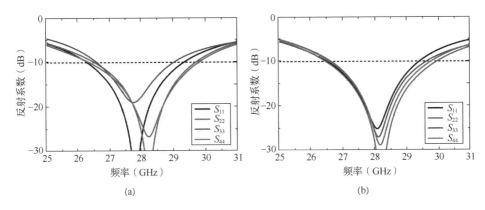

图 6-50　两种激励方案下的反射系数曲线
(a)垂直/水平极化　(b)±45°双极化

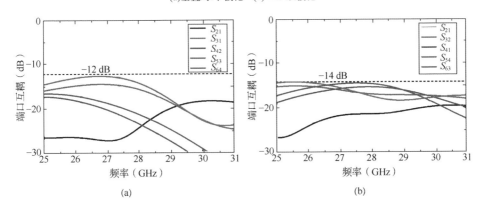

图 6-51　两种激励方案下的端口互耦曲线
(a)垂直/水平极化　(b)±45°双极化

从以上对比结果来看，两种双极化的激励方案在阵列性能上存在差异，即±45°双极化有助于谐振频率的稳定且呈现高隔离度。因此，后续设计将采用这种激励方案产生所需的双极化波。

考虑到所提出的天线阵列与金属边框的集成，在±45°双极化贴片相控阵天线阵列的基础上建立了由金属围栏组成的封装结构，如图 6-52(a)所示，金属围栏的宽度为 0.3 mm。为便于加工与制造，在相邻贴片单元之间引入了三排金属过孔作为虚拟电壁，以代替完全金属化的栅栏。图 6-52(b)所示为移动终端内的天线模块集成布局。天线竖直放置于金属边框开窗的后方，以获取指向设备外侧的端射波束。将一组 2×4 的微带线印刷在另一单层介质基板上，分别与 8 个馈电端口垂直相接。由于天线阵列的 8 个馈电端口为共线排布形式，故只需使用单个馈电板上的同层微带线即可实现端口与天线的电气连接。然而，对于垂直/水平极化激励方案，由于垂直极化和水平极化的馈电端口分别位于两条平行线上，故需要使用两层微带线方可实现。因此，沿 $\varphi=\pm45°$ 平面施以双极化激励，不仅提高了端口隔离度，而且极大简化了馈电电路的复杂度。

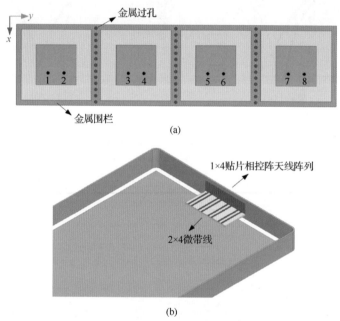

图 6-52　双极化贴片相控阵天线阵列
(a)金属围栏封装的天线阵列　(b)移动终端内的天线模块集成布局

图 6-53 和图 6-54 分别为封装结构的反射系数与端口互耦曲线。可以看出，金属围栏与金属过孔均有助于稳定谐振频率，使得阵列的各端口均谐振在 28 GHz 频段。各端口重合的-10 dB 相对带宽为 7.9%，能够完全覆盖 N261 频段。天线的端口隔离度可达 14 dB。

贴片单元在 $\varphi=\pm45°$ 平面的辐射方向图如图 6-55 所示。由于±45°双极化结构具有良好的对称性，此处只给出了+45°极化在 $\varphi=\pm45°$ 平面内的仿真结果。天线阵列的最大增益为 6.6 dBi，交叉极化电平低于-17 dB。此外，加载金属围栏改善了交叉极化特性，这主要是由于金属围栏能够有效地抑制探针的辐射。

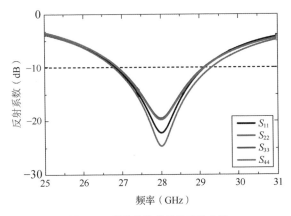

图 6-53　封装结构的反射系数曲线

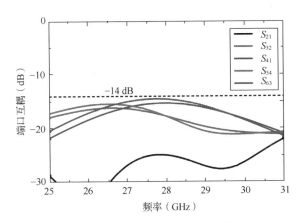

图 6-54　封装结构的端口耦合曲线

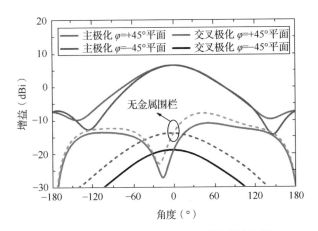

图 6-55　贴片单元在 $\varphi=\pm45°$ 平面的辐射方向图

通过给各输入端口馈以相同振幅、不同线性相位梯度的激励信号，可进一步分析天线阵列的波束扫描性能。−45°极化对应的波束扫描方向图如图 6-56 所示。主波束的最大增益为 11.2 dBi。在 3 dBi 的增益波动内，阵列的波束扫描范围为 −54°～54°，且副瓣电平在合理的范围内。+45°极化的波束扫描性能与−45°极化的相似。

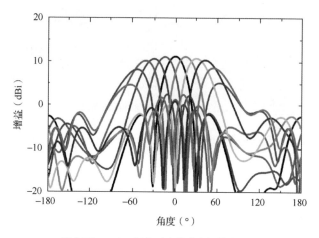

图 6-56 −45°极化对应的波束扫描方向图

6.6.2 毫米波双极化介质棒相控阵天线阵列

双极化介质棒相控阵天线阵列结构如图 6-57 所示，包括两层堆叠的介质基板，4 个圆台形的介质棒单元，刻有耦合缝隙的金属地板以及用于双极化激励的一组 2×4 的 50 Ω 微带线。底部介质基板厚度为 0.254 mm，板材选用 Rogers RT/duroid 5880（ε_r=2.2，tanδ=0.0009），介质棒材料为高密度聚乙烯（High Density Polyethylene，HDPE）塑料（ε_r=2.3，tanδ= 0.0005）。为了提高实际装配过程中介质棒与馈电介质基板的对位精度，在辐射体的下方增设了厚度为 0.2 mm 的 HDPE 基板，二者可借助 3D 打印技术实现一体加工成型。鉴于 6.6.1 节所述±45°双极化相比垂直/水平极化在端口隔离和辐射特性方面的优势，此处同样将微带线和耦合缝隙沿 φ=±45°平面排布。

利用所提出的平面耦合馈电方案可以有效地激励介质棒的 HE_{11} 简并模，从而替代经典介质棒天线激励所需的金属波导和相应的馈电转换结构，大幅提高结构设计的平面集成度。所建立的天线阵列中相邻介质棒单元的间距为 6 mm（约为 0.56λ_0，λ_0 为 28 GHz 频率下的自由空间波长），所用金属地板的尺寸为 26 mm×8 mm。

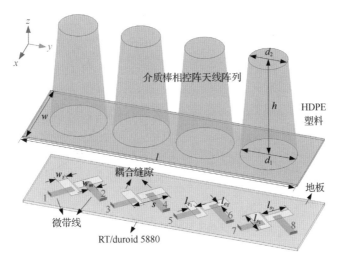

图 6-57　双极化介质棒相控阵天线阵列结构

天线阵列的仿真 S 参数如图 6-58 所示。天线呈现良好的阻抗匹配，且-10 dB 相对带宽达到 15.1%，足以覆盖 N257 和 N261 频段。在工作频段内，端口隔离度均高于 19 dB。

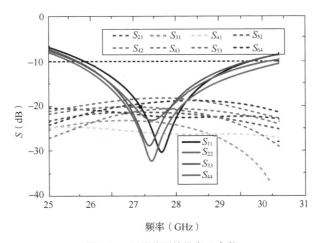

图 6-58　天线阵列的仿真 S 参数

天线阵列在 28 GHz 的辐射方向图如图 6-59 所示。由于耦合缝隙位置相对介质棒单元中心存在一定的偏移，可观察到波束存在轻微的倾斜。在天顶方向，+45° 极化的增益为 8.1 dBi，-45°极化的增益为 7.78 dBi。天线阵列的交叉极化鉴别率高于 18 dB。

177

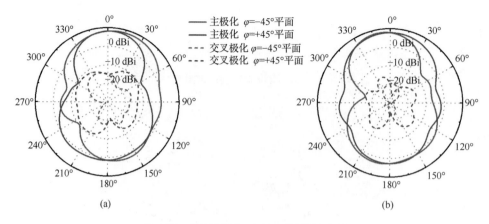

图 6-59 天线阵列在 28 GHz 的辐射方向图
(a) +45°极化 (b) -45°极化

图 6-60 所示为天线阵列在 28 GHz 的波束扫描方向图。±45°极化激励方案使得两种极化的辐射特性较为相似。+45°极化和-45°极化的最大增益分别为 12.17 dBi 和 12.02 dBi。+45°极化的波束扫描范围为-40°～40°，-45°极化的波束扫描范围为-38°～43°。

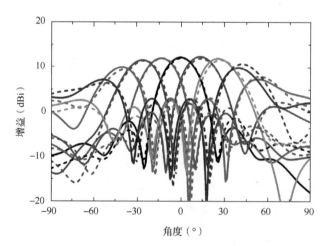

图 6-60 天线阵列在 28 GHz 的波束扫描方向图（实线和虚线分别代表+45°极化和-45°极化）

介质棒的棒体高度是天线设计的关键参数。对常规的单个介质棒而言，在一定的高度范围内，天线可保持良好的行波特性，增益与棒体高度近似呈现正相关关系。图 6-61 所示为不同棒体高度对应的增益与波束指向，分析了阵列性能随棒体高度的变化。当棒体高度在数个波长范围内变化时，阵列增益随着棒体高度的增加而增大。然而，高度继续增大会导致介质棒单元间的空间耦合强度变大，且耦合效应在扫描角度增大时更明显，从而限制了阵列整体的空间覆盖范围。综合考虑增益、波束指向和移动终端内有限的天线尺寸，选定的棒体高度为 10 mm。

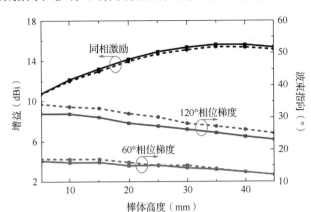

图 6-61　不同棒体高度对应的增益与波束指向（实线和虚线分别代表+45°极化和-45°极化）

为了进一步评估天线阵列在实际的移动手持设备中的应用优势，此处着重分析图 6-62 所示的金属边框集成设计方案。将移动终端的模型轮廓简化，并在金属边框上刻蚀 30 mm×7 mm 的矩形辐射窗以产生端射。出于美观与实用性的考虑，为辐射窗填充厚度为 0.5 mm 的聚四氟乙烯（PTFE）材料（ε_r=2.1，tanδ=0.001），同时也将其作为毫米波天线的介质覆盖层。

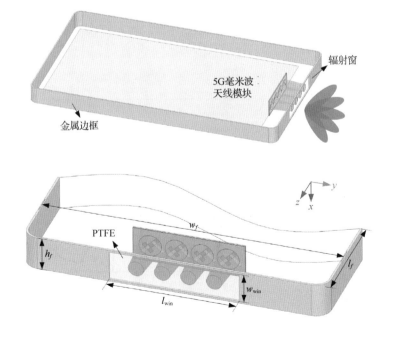

图 6-62　金属边框集成设计方案

集成阵列的 S 参数如图 6-63 所示。可以看出，集成环境对于所设计阵列的影响较小，天线仍可保持原有的良好匹配性能。各端口重合的-10 dB 的工作频段为25.91～30.46 GHz，相对带宽约为 16.1%，且端口隔离度高于 20 dB。

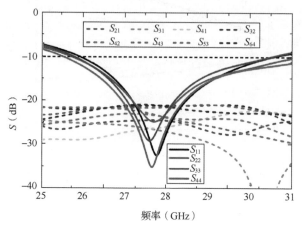

图 6-63　集成阵列的 S 参数

图 6-64 所示为集成阵列在 28 GHz 的波束扫描方向图。与阵列单独工作相比，集成阵列的波束扫描范围与副瓣电平参数被优化，这主要是由于金属边框开窗处填充的介质扩大了辐射口面。+45°极化和-45°极化的最大增益分别为 12.11 dBi 和12.04 dBi。两种极化在 3 dBi 增益波动下的波束扫描范围为-39°～41°。图 6-65 所示为集成阵列的峰值增益曲线。在所关心的工作频段（25.91～30.46 GHz）内，两个极化均可实现大于 9.7 dBi 的增益。

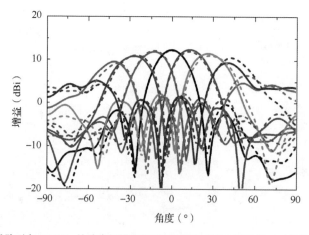

图 6-64　集成阵列在 28 GHz 的波束扫描方向图（实线与虚线分别代表+45°极化和–45°极化）

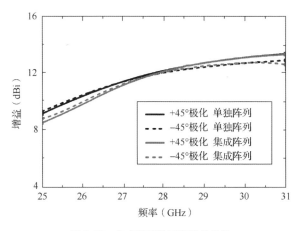

图 6-65　集成阵列的峰值增益曲线

表 6-4 所示为 6.6 节的两款设计与国际上已报道的金属边框集成天线的性能对比。相比之下，本节的双极化贴片相控阵天线阵列在结构上更简洁，而双极化介质棒相控阵天线阵列同样可通过低成本的加工工艺实现。在典型技术指标上，第一款设计的工作频段较文献[16]、[18]中的两种背腔结构的更宽，且能够实现与文献[15]、[17]~[18]中设计相比拟的端口隔离度。第二款设计进一步提升了工作性能，其相对带宽或端口隔离度均优于上述文献的结果。虽然文献[35]中提出的介质谐振天线可获得 16%的相对带宽与 20 dB 的端口隔离度，但阵列增益较低。此外，以上文献在波束扫描方面存在不同的定义方式，如要求增益大于 7 dBi 等。而 6.6 节以更严格的 3 dB 扫描损耗定义波束扫描范围，据此设计的阵列不仅可实现良好的波束扫描性能，也能够提供更稳定的无线链路。

表 6-4　天线性能对比

文献	天线形式	工作频段（GHz）	端口隔离度（dB）	阵列增益（dBi）	波束扫描范围
文献[16]	背腔环槽天线（1×8）	27.5~28.35	20	4.86	−50°~50°（>12.1 dBi）
文献[18]	背腔槽天线（1×4）	26.6~27.8	13	7	−69°~69°（>7 dBi）
文献[35]	介质谐振天线（1×4）	25.3~29.8	20	6.38	−55°~55°（>7 dBi）
文献[15]	偶极子天线（1×3）	28~33	15	—	−40°~40°（>6 dBi）
文献[17]	链槽天线（1×4）	24.5~29.5	15	—	−40°~40°（3 dB 扫描损耗）
本设计	贴片相控阵天线（1×4）	26.89~29.12	14	6.6	−59°~59°（3 dB 扫描损耗）
	介质棒相控阵天线（1×4）	25.91~30.46	20	8.1/7.78	−40°~40°（3 dB 扫描损耗）

6.7 集成 PIN 二极管的相控阵天线

本节提出一款无须使用传统移相器的相控阵天线设计[42]，通过引入 PIN 二极管动态重构行波传输线引出的馈电分支，构造出 2 比特移相器和串行功分网络，为低成本设计移动终端天线提供新的思路。

6.7.1 串馈波束扫描天线设计

串馈波束扫描天线的几何结构如图 6-66 所示，包括两块紧密堆叠的介质基板。上层基板由 Rogers RT/duroid 5880（ε_r=2.2，tanδ=0.0009）制成，厚度为 0.787 mm。下层基板由 Rogers RO4003C（ε_r=3.55，tanδ=0.0027）制成，厚度为 0.203 mm。两层基板上印刷了 3 层金属层。贴片阵列位于顶部金属层，该金属层具有 10 个均匀分布的天线单元。地板位于中间金属层，地板上有两排沿 y 轴对称刻蚀的缝隙。馈电网络位于底部金属层，由一条微带线和 10 个周期性分布结构组成。每个结构都有 4 根从微带线两侧延伸出的驱动分支，以及两个悬浮在缝隙下方的寄生分支。二进制射频开关用于控制驱动分支与寄生分支的连接与断开。周期性分布结构等效于一系列 2 比特移相器。该设计的辐射阵列和馈电网络被地板隔开，能量通过缝隙耦合，具有结构可灵活调节的优点。

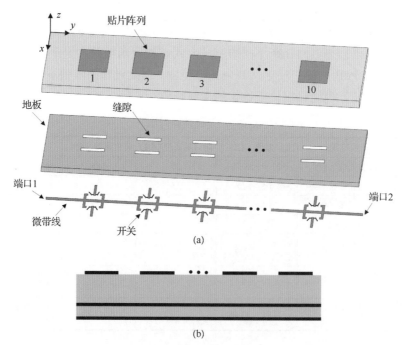

图 6-66 串馈波束扫描天线的几何结构
(a)三维分解视图 (b)侧视图

每个天线单元的辐射结构均为通过缝隙耦合的贴片。贴片的辐射方向图主要由缝隙下方的微带线决定。如果微带线上的开关闭合，则该微带线分支与寄生分支连通。信号将沿着导通的电流路径流动，能量将通过路径上方的缝隙耦合到贴片。为了获得边射辐射方向图，在可重构过程中只闭合一个开关。从微带线耦合到的能量由支路线宽决定。随着线宽增大，支路的阻抗减小，支路将从微带线获得更多的能量，即泄漏率增加。然而，泄漏率的增加将恶化微带线的阻抗匹配。图 6-67 所示为当一个开关闭合时，阵列中一个天线单元的仿真 S 参数。结果表明，该天线单元的泄漏率在-1 dB 以内，并且输入阻抗匹配良好。为了简化分析，在仿真中假设开关的闭合和断开状态是理想的。

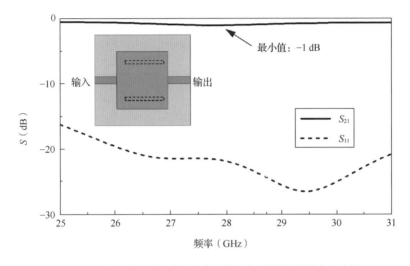

图 6-67　当一个开关闭合时，阵列中一个天线单元的仿真 S 参数

当天线单元下方的任意一个开关闭合，剩下 3 个开关断开时，闭合开关所在的支路将与主路连通。4 个开关对应 4 种连通状态，虽然天线单元在 4 种状态中都会产生相同的边射辐射方向图，但辐射场的相位是不同的。图 6-68 揭示了天线单元的近场特性，观察贴片上方的近场以描绘相位变化。如图 6-68(a)所示，观察点位于 z 轴，距离贴片约 $0.2\lambda_0$（λ_0 为 28 GHz 频率对应的自由空间波长）。图 6-68(b)中的 4 个开关可分为两组。SW_1 和 SW_2 在传输线的一侧，SW_3 和 SW_4 在传输线的另一侧。每组中两个开关之间的偏移距离对相位有显著影响。图 6-68(c)显示了具有不同偏移距离的近场相位。可重构网络有 4 种状态，在每种状态下，一个开关断开，另外 3 个开关闭合。当偏移距离为 0 时，只需要两个开关，一个开关闭合时另一个开关断开，共有两种状态。结果表明，这两种状态之间存在 180°的相位差，这意味着这两个开关形成了一个 1 比特移相器。随着偏移距离的增加，同一组开关之间的相位差

变大，而两组开关之间的相位差保持 180°。当偏移距离为 1.8 mm 时，4 种状态分别对应 0°、90°、180°和 270°的相位，构造出了等效 2 比特移相器。

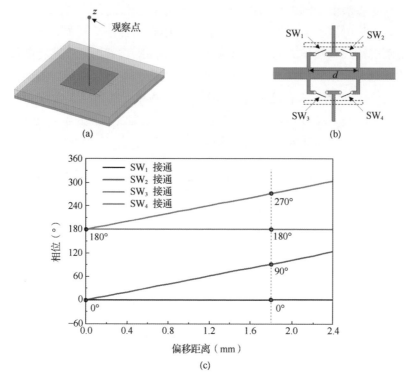

图 6-68　天线单元的近场特性
(a)观察点　(b)2 比特移相器　(c)具有不同偏移距离的近场相位

2 比特移相器的工作原理如图 6-69 所示，微带线两侧的电场方向相反。与此同时，传输线的相位呈现周期性分布。当传输线上两个点的传播距离为 $\lambda_g/4$（λ_g 为波导波长）时，两点间存在 90°相位延迟。因此可以在图中 4 个位置引入 4 个分支，以生成 0°、90°、180°和 270°这 4 种相位分布，无须使用传统移相器。

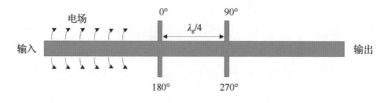

图 6-69　2 比特移相器的工作原理

基于所提出的可重构单元，计算阵列的辐射方向图。图 6-70 所示为一维相控阵的电磁波传播模型示意。根据相控阵理论，虚线上的电磁波应具有相同的相位延迟，以确保主波束指向指定的角度 θ。考虑到移动终端对波束方向的精度要求较低，为了降低成本，采用 2 比特移相器是较为合适的选择。

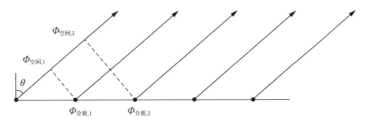

图 6-70　一维相控阵的电磁波传播模型示意

本设计中的天线单元间距约为 $0.44\lambda_0$，介质中相应的电长度为 $3\lambda_g/4$。图 6-71 显示了一维相控阵（10 单元阵列）的波束扫描性能。扫描步长为 $10°$，设置理论上的扫描范围为 $-80°\sim80°$，仿真的扫描范围为 $-65°\sim65°$。当波束靠近天顶方向时，仿真的波束方向与理论计算值吻合良好。当波束转向端射方向时，波束倾斜变得困难，仿真的波束扫描范围小于理论计算的波束扫描范围。出现这种情况的原因是随着主波束从天顶方向转向端射方向，天线单元之间的耦合开始变强，逐渐限制波束向端射方向偏转。

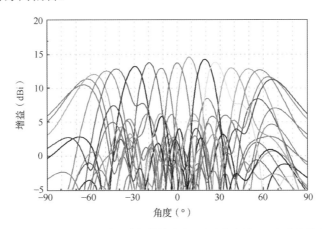

图 6-71　一维相控阵（10 单元阵列）的波束扫描性能（实线为仿真结果，竖直虚线为理论计算结果）

众所周知，漏波天线在天顶方向会存在急剧的增益下降，这是因为所有天线单元都被同相激励，从每个天线单元反射的功率将在输入端口同相相干叠加在一起，导致强阻抗失配现象。本设计中也观察到这种行为。图 6-72 所示为定频漏波天线产生天顶波束时的理想增益与实际增益结果。当考虑阻抗匹配时，实际增益相比理想增益下降了约 4 dBi。

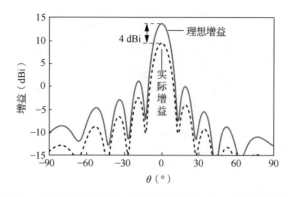

图 6-72　定频漏波天线产生天顶波束时的理想增益与实际增益结果

为了克服天顶波束导致的增益下降，引入了补偿结构来弥补同相激励的失配。图 6-73(a)所示为改进的馈电网络，在 10 个移相器中添加了 5 根短截线。这些短截线产生的反射与移相器产生的反射的振幅相等且相位相反。图 6-73(b)所示为反射抵消的机制示意。为了实现最佳的反射抵消，扫描参数后发现参数 s=1.8 mm、t=0.6 mm 时的效果最佳，开关被配置为边射波束状态。需要注意的是，短截线的位置不是均匀分布的，这是因为相邻反射单元的间距为 $\lambda_g/2$ 或 λ_g。如果间距为 λ_g，则在两个反射单元的中间添加一根短截线，从而引入了相位为 180° 的额外反射，这时来自短截线和反射单元的反射相位相反，两者反射抵消后有助于减小输入端口的阻抗失配。

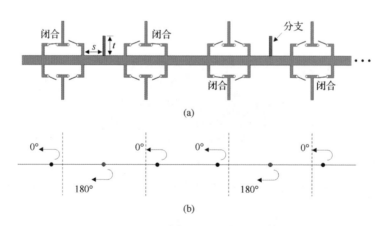

(a)

(b)

图 6-73　引入补偿结构弥补同相激励的失配
(a)改进的馈电网络　(b)反射抵消的机制示意

短截线产生的反射振幅通过改变短截线长度（t）来控制。图 6-74 所示为短截线的长度对 28 GHz 处的边射增益的影响。结果表明，随着短截线长度增加，边射增益也增大。应该注意的是，短截线的引入将影响传输线上的相位分布。如果来自单根短截线的反射很强，则会影响相位梯度和波束指向。经过优化，最终采用 0.6 mm 作为短截线长度。

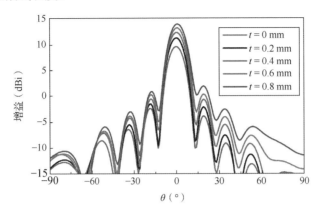

图 6-74　短截线的长度对 28 GHz 处的边射增益的影响

为了评估开关对性能的影响，研究带有 PIN 二极管和偏置网络的天线单元模型，如图 6-75 所示。每个天线单元有 4 个 PIN 二极管，传输线同一侧的两个 PIN 二极管共享相同的直流偏置电路。在该设计中，使用长度为 $\lambda_g/2$ 的开路微带线作为直流偏置线。直流偏置线的分流点放置在实际短路点，距离直流偏置线的开口端的距离为 $\lambda_g/4$。

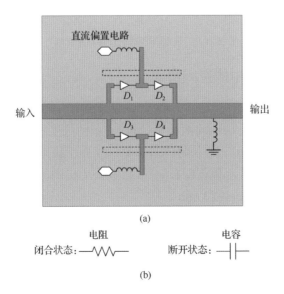

图 6-75　带有 PIN 二极管和偏置网络的天线单元模型
(a)带有 4 个 PIN 二极管的实际模型　(b) PIN 二极管开关闭合和断开时的等效电路

根据等效电路，在偏置电压为正时 PIN 二极管等效为电阻，在偏置电压为负时等效为电容。两个等效分量的值是决定 PIN 二极管正向插入损耗和反向隔离水平的关键因素。根据 MA4AGP907 PIN 二极管的数据手册，等效电阻的典型值为 5 Ω，在 28 GHz 处的插入损耗约为 0.3 dB；等效电容的典型值是 0.02 pF，在 28 GHz 处的隔离水平大约是 12 dB。

使用 PIN 二极管开关闭合和断开时的等效电路对所设计的阵列进行重新仿真。图 6-76 所示为 28 GHz 下带有 PIN 二极管开关的一维相控阵的波束扫描性能。与具有理想开关的模型相比，该模型的波束扫描宽度减小了约 10°。波束的总辐射效率为 54%～75%。这意味着阵列的总体损耗，包括失配损耗、残余损耗、欧姆和介电损耗以及开关损耗，在扫描范围内小于 3 dB。

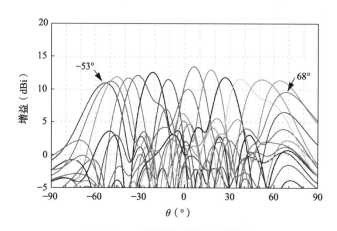

图 6-76　一维相控阵的波束扫描性能

6.7.2　5G 移动终端中的空间覆盖

本节分析串馈波束扫描天线阵列在 5G 移动终端中的空间覆盖范围。图 6-77 所示为阵列在 5G 移动终端中的两种典型布局：一种是将阵列水平放置在手机地板上方，并与短边对齐；另一种是将阵列垂直放置在手机地板的端射方向，便于与手机边框集成设计。在这两种典型布局中，阵列和手机地板之间的距离都是 2 mm，手机地板的尺寸为 140 mm×70 mm。

由于所设计的贴片阵列具有较强的定向性，至少需要两个阵列才能提供全空间信号覆盖。考虑到对称性，本节只讨论半球覆盖中的一个阵列，计算上半球面两种典型布局的空间覆盖效率。为了避免在不同波束之间频繁切换，扫描步长设置为 10°，上半球面有 19 个波束。然而，考虑到实际应用中的最大可扫描范围，仅采用了 17 个波束，对应的扫描角度为-80°～80°。

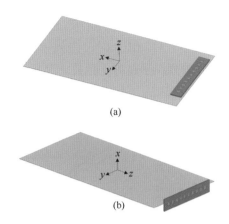

(a)

(b)

图 6-77　阵列在 5G 移动终端中的两种典型布局
(a)水平放置　(b)垂直放置

空间中每个点的场强选择 17 个波束中的最大值，从而获得半球面的合成辐射方向图。图 6-78 所示为两种典型布局在 28 GHz 的合成辐射方向图。在图 6-78 中，$\varphi=90°$和 $\varphi=270°$代表扫描平面。可以观察到，当扫描角度接近边射方向时，信号很强。随着扫描角度接近端射方向，信号逐渐变弱。阵列水平放置的最大增益大于垂直放置的最大增益。

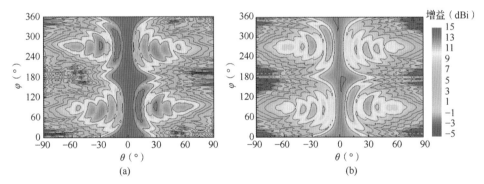

图 6-78　两种典型布局在 28 GHz 的合成辐射方向图
(a)水平放置　(b)垂直放置

为了定量评估两种典型布局的空间覆盖效率，采用立体角覆盖效率的表示法：

$$空间覆盖效率 = \left.\frac{可扫描立体角}{最大立体角}\right|_{增益门限} \tag{6-1}$$

在本设计中，因为只考虑了半个球面，最大立体角是 2π。空间覆盖效率可基于图 6-78 中的数据计算，空间覆盖效率与增益门限的关系如图 6-79 所示。可以观察到，这两条曲线具有相似的趋势。两种典型布局都具有出色的空间覆盖效果。

当所需的增益门限较高（>8 dBi）时，阵列水平放置具有更好的空间覆盖效果。当所需的增益门限为中等大小（>3 dBi）时，阵列垂直放置具有更好的空间覆盖效果。因此，该评估为天线阵列在手机内的位置选择提供了参考。

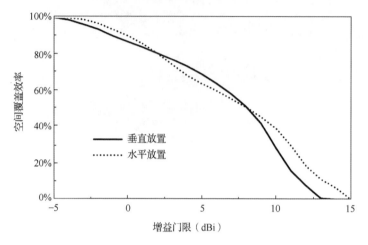

图 6-79　两种典型布局的空间覆盖效率

6.8　Sub-6 GHz 天线与毫米波天线集成

本节提出一款 Sub-6 GHz 天线与毫米波天线集成的设计[43]。图 6-80 所示为所设计天线的几何结构，该天线由一块手机地板和一个完整未切断的金属边框组成，手机地板与金属边框的底部齐平。手机地板的一部分被刻蚀，用于天线设计区域，其他边都与金属边框连接。手机地板的两个长边上有 6 个天线模块。每个模块包括刻蚀在手机地板上的二分之一波长槽（即长槽）和刻蚀在金属边框上的四分之一波长槽（即短槽）。每个槽阵列包含 4 个槽单元。手机地板印刷在 1 mm 厚的 FR4 介质基板（ε_r=4.4, tanδ=0.02）上，金属边框内侧有 0.254 mm 厚的 TLY-5 基板（ε_r=2.2, tanδ=0.001），为方便起见，两种材料均设置为透明。手机地板尺寸为 140 mm×70 mm，金属边框的高度为 6 mm，长槽的尺寸为 28 mm×2 mm。每个缝隙由一条 50 Ω 的微带线馈电，长槽为直接相连馈电，短槽为耦合馈电。

共口径天线的设计过程分为两步。首先分开设计两种槽天线。其中，金属边框上的槽（短槽）天线负责 28 GHz 频段，工作在二分之一波长模式，每条缝隙的长度约为 5 mm；手机地板上的槽（长槽）天线负责 Sub-6 GHz 频段，同样工作在二分之一波长模式，每条缝隙的长度约为 40 mm。然后考虑将两种槽结构联合起来设计，从而减小金属边框上的非金属刻蚀部分的面积。具体操作是将金属边框上的短槽天线竖直向下移动，与手机地板上的长槽天线直接相连。在这种情况下，短槽天线工作在四分之一波长模式，毫米波阵列的尺寸减小了 50%，可有效减弱人手触摸金属边框所带来的遮挡效应。

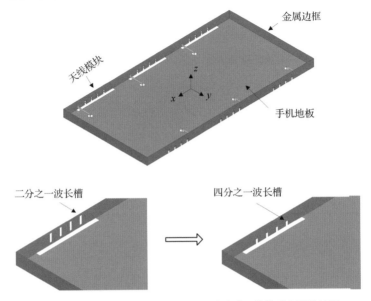

图 6-80　本设计中 Sub-6 GHz 天线和毫米波天线的联合设计过程

接下来通过电流分布分析 Sub-6 GHz 和毫米波频段的工作原理。图 6-81 所示为不同端口激励下 3.5 GHz 和 28 GHz 频段的电流分布。在图 6-81(a)中，当 Sub-6 GHz 天线阵列的端口 P_1 被激励时，沿着长槽可以清楚地观察到二分之一波长模式，金属边框上的槽天线也有电流，有助于延长槽的总长度。在图 6-81(b) 中，当毫米波天线阵列的 4 个端口 $S_1 \sim S_4$ 被等幅同相激励时，电流集中在毫米波槽阵列上，槽阵列以四分之一波长模式工作。

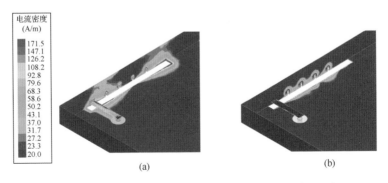

图 6-81　不同端口激励下 3.5 GHz 和 28 GHz 频段的电流分布
(a)当端口 P_1 被激励时，3.5 GHz 频段的电流分布　(b)当端口 $S_1 \sim S_4$ 被等幅同相激励时，28 GHz 频段的电流分布

在 3.5 GHz 频段，6 个长槽组成了一个 MIMO 多天线系统。图 6-82 所示为 MIMO 天线在 3.5 GHz 频段的仿真 S 参数。–6 dB 的反射系数带宽覆盖了 3.33～3.62 GHz。在每个天线模块中，由于长槽和短槽直接相连，因此重点讨论这两种槽之间的端口隔离度。如图 6-82 所示，长槽与短槽中任何两个端口之间的互耦都低于–16 dB。因此，所提出的设计在 3.5 GHz 频段实现了 MIMO 性能。

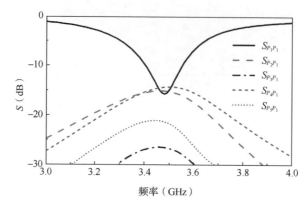

图 6-82　MIMO 天线在 3.5 GHz 频段的仿真 S 参数

注：图例中的下标 P 表示低频段天线。

图 6-83 所示为毫米波频段的仿真 S 参数。阻抗带宽较宽，覆盖 25.8～31.2 GHz。任意两个端口之间的互耦低于–12 dB，而且可以通过增加槽单元间距来降低互耦。此外，毫米波天线阵列和 Sub-6 GHz 天线阵列之间的耦合较低。因此，本设计可以在毫米波频段独立工作。

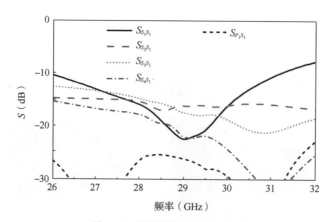

图 6-83　毫米波频段的仿真 S 参数

注：图例中的下标 S 代表高频段天线。

4 个槽单元被用于实现波束扫描。槽单元间距在 28 GHz 频段为 0.44 λ_0（λ_0 为

自由空间波长）。宽角度波束扫描可以通过改变阵列的馈电相位梯度来实现。图
6-84(a)所示为在 28 GHz 频段,短槽阵列在 4 个典型相位梯度下的三维辐射方向图。
主波束位于手机地板的下半空间，当所有槽单元都同相馈电时，阵列的峰值增益
约为 10 dBi。当相位梯度为 150°时，阵列的扫描角度最大可达 66°，增益变化小
于 3 dBi。通过加入更多的槽单元还可以实现更高的增益。

空间覆盖对于移动终端天线的设计非常重要。为了获得最大的信号强度，对
短槽阵列的辐射方向图进行合成。当相位梯度从-170°变化到+170°，步长为 10°
时，阵列在整个空间将有 35 个波束。空间中任意一点从 35 个波束中选择场分布
中的最大电场强度。图 6-84(b)所示为阵列合成模式下 28 GHz 频段的信号强度分
布。当俯仰角 θ 在 90°～180°的范围内变化时，因为主波束位于下半空间，阵列的
辐射能力很强。

根据合成的阵列方向图，该短槽阵列可以提供 50%的空间覆盖效率，增益
大于 3.8 dBi。而且，通过部署多个天线模块可以实现更高的空间覆盖效率。

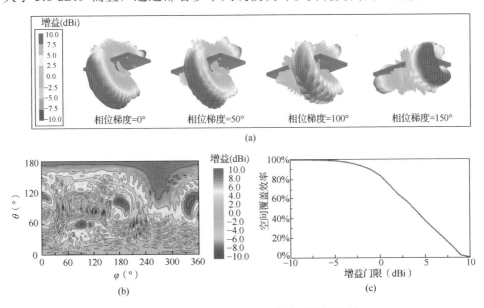

图 6-84　在 28 GHz 频段，短槽阵列的波束扫描
(a)三维辐射相位图　(b)阵列合成模式下 28 GHz 频段的信号强度分布
(c)不同增益门限的空间覆盖效率

参考文献

[1]　LIU D, HONG W, RAPPAPORT T S, et al. What will 5G antennas and propagation be?[J]. IEEE Transactions on Antennas and Propagation, 2017, 65(12): 6205-6212.

[2] HONG W, JIANG Z H, YU C, et al. The role of millimeter-wave technologies in 5G/6G wireless communications[J]. IEEE Journal of Microwaves, 2021, 1(1): 101-122.

[3] HONG W. Solving the 5G mobile antenna puzzle: assessing future directions for the 5G mobile antenna paradigm shift[J]. IEEE Microwave Magazine, 2017, 18(7): 86-102.

[4] LIU D, GU X, BAKS C W, et al. Antenna-in-package design considerations for Ka-band 5G communication applications[J]. IEEE Transactions on Antennas and Propagation, 2017, 65(12): 6372-6379.

[5] SYRYTSIN I, ZHANG S, PEDERSEN G F, et al. User-shadowing suppression for 5G mm-wave mobile terminal antennas[J]. IEEE Transactions on Antennas and Propagation, 2019, 67(6): 4162-4172.

[6] HONG W, BAEK K, KO S. Millimeter-wave 5G antennas for smartphones: overview and experimental demonstration[J]. IEEE Transactions on Antennas and Propagation, 2017, 65(12): 6250-6261.

[7] CHOU H T, CHOU S J, DENG J D S, et al. LTCC-based dual-polarized aip module by multilayered cross-dipole antennas for 5G mobile terminal applications at 28 GHz band[J]. IEEE Transactions on Components, Packaging and Manufacturing Technology, 2023, 13(10): 1663-1672.

[8] HE Y, LV S, ZHAO L, et al. A compact dual-band and dual-polarized millimeter-wave beam scanning antenna array for 5G mobile terminals[J]. IEEE Access, 2021, 9: 109042-109052.

[9] LUO Y, XU J, CHEN Y, et al. A zero-mode induced mmWave patch antenna with low-profile, wide-bandwidth and large-angle scanning for 5G mobile terminals[J]. IEEE Access, 2019, 7: 177607-177615.

[10] ZHANG S, CHEN X, SYRYTSIN I, et al. A planar switchable 3D-coverage phased array antenna and its user effects for 28-GHz mobile terminal applications[J]. IEEE Transactions on Antennas and Propagation, 2017, 65(12): 6413-6421.

[11] YOO J U, SON H W. 5G mm-wave patch antenna array with proximity sensing function for detecting user's hand grip on mobile terminals[J]. Electronics Letters, 2023, 59(7): e12769.

[12] CHEN X, ABDULLAH M, LI Q, et al. Characterizations of mutual coupling effects on switch-based phased array antennas for 5G millimeter-wave mobile communications[J]. IEEE Access, 2019, 7: 31376-31384.

[13]　XIA X, YU C, WU F, et al. Millimeter-wave phased array antenna integrated with the industry design in 5G/B5G smartphones[J]. IEEE Transactions on Antennas and Propagation, 2023, 71(2): 1883-1888.

[14]　XIA X, WU F, YU C, et al. Millimeter-wave ±45° dual linearly polarized end-fire phased array antenna for 5G/B5G mobile terminals[J]. IEEE Transactions on Antennas and Propagation, 2022, 70(11): 10391-10404.

[15]　MORENO R M, ALA-LAURINAHO J, KHRIPKOV A, et al. Dual-polarized mm-wave endfire antenna for mobile devices[J]. IEEE Transactions on Antennas and Propagation, 2020, 68(8): 5924-5934.

[16]　WU S, ZHAO A, REN Z. Dual-polarized ring-slot 5G millimeter-wave antenna and array based on metal frame for mobile phone applications[EB/OL]. (2019-06-20) [2024-07-01].

[17]　MORENO R M, KURVINEN J, ALA-LAURINAHO J, et al. Dual-polarized mm-wave endfire chain-slot antenna for mobile devices[J]. IEEE Transactions on Antennas and Propagation, 2020, 69(1): 25-34.

[18]　LI H, CHENG Y, MEI L, et al. Dual-polarized frame-integrated slot arrays for 5G mobile handsets[J]. IEEE Antennas and Wireless Propagation Letters, 2020, 19(11): 1953-1957.

[19]　HSU Y W, HUANG T C, LIN H S, et al. Dual-polarized quasi Yagi-Uda antennas with endfire radiation for millimeter-wave MIMO terminals[J]. IEEE Transactions on Antennas and Propagation, 2017, 65(12): 6282-6289.

[20]　LI H, LI Y, CHANG L, et al. A wideband dual-polarized endfire antenna array with overlapped apertures and small clearance for 5G millimeter-wave applications[J]. IEEE Transactions on Antennas and Propagation, 2020, 69(2): 815-824.

[21]　KHAJEIM M F, MORADI G, SHIRAZI R S, et al. Broadband dual-polarized antenna array with endfire radiation for 5G mobile phone applications[J]. IEEE Antennas and Wireless Propagation Letters, 2021, 20(12): 2427-2431.

[22]　ZHANG J, ZHAO K, WANG L, et al. Wideband low-profile dual-polarized phased array with endfire radiation patterns for 5G mobile applications[J]. IEEE Transactions on Vehicular Technology, 2021, 70(9): 8431-8440.

[23]　SUN L, LI Y, ZHANG Z. Wideband dual-polarized endfire antenna based on compact open-ended cavity for 5G mm-wave mobile phones[J]. IEEE Transactions on Antennas and Propagation, 2021, 70(3): 1632-1642.

[24] PARCHIN N O, ZHANG J, ABD-ALHAMEED R A, et al. A planar dual-polarized phased array with broad bandwidth and quasi-endfire radiation for 5G mobile handsets[J]. IEEE Transactions on Antennas and Propagation, 2021, 69(10): 6410-6419.

[25] TAHERI M M S, ABDIPOUR A, ZHANG S, et al. Integrated millimeter-wave wideband end-fire 5G beam steerable array and low-frequency 4G LTE antenna in mobile terminals[J]. IEEE Transactions on Vehicular Technology, 2019, 68(4): 4042-4046.

[26] DING X H, ZHANG Q H, YANG W W, et al. A dual-band antenna for LTE/mmWave mobile terminal applications[J]. IEEE Transactions on Antennas and Propagation, 2023, 71(3): 2826-2831.

[27] IKRAM M, NGUYEN-TRONG N, ABBOSH A. Hybrid antenna using open-ended slot for integrated 4G/5G mobile application[J]. IEEE Antennas and Wireless Propagation Letters, 2020, 19(4): 710-714.

[28] IKRAM M, ABBAS E, NGUYEN-TRONG N, et al. Integrated frequency-reconfigurable slot antenna and connected slot antenna array for 4G and 5G mobile handsets[J]. IEEE Transactions on Antennas and Propagation, 2019, 67(99): 7225-7233.

[29] WANG Y, XU F. Shared-aperture 4G LTE and 5G mm-wave antenna in mobile phones with enhanced mm-wave radiation in the display direction[J]. IEEE Transactions on Antennas and Propagation, 2023, 71(6): 4772-4782.

[30] 朱瑀勃. 用于 5G 移动终端的毫米波双极化端射相控阵天线阵列[D]. 北京：北京理工大学，2022.

[31] LI A, LUK K M, LI Y. A dual linearly polarized end-fire antenna array for the 5G applications[J]. IEEE Access, 2018, 6: 78276-78285.

[32] ZHANG J, ZHAO K, WANG L, et al. Dual-polarized phased array with end-fire radiation for 5G handset applications[J]. IEEE Transactions on Antennas and Propagation, 2020, 68(4): 3277-3282.

[33] LU R, YU C, ZHU Y, et al. Compact millimeter-wave endfire dual-polarized antenna array for low-cost multibeam applications[J]. IEEE Antennas and Wireless Propagation Letters, 2020, 19(12): 2526-2530.

[34] LI A, LUK K M. Single-layer wideband end-fire dual-polarized antenna array for device-to-device communication in 5G wireless systems[J]. IEEE Transactions on Vehicular Technology, 2020, 69(5): 5142-5150.

[35] LI H, CHENG Y, MEI L, et al. Frame integrated wideband dual-polarized arrays for mm-wave/sub 6-GHz mobile handsets and its user effects[J]. IEEE Transactions on Vehicular Technology, 2020, 69(12): 14330-14340.

[36] MORENO R M, KURVINEN J, ALA-LAURINAHO J, et al. Dual-polarized mm-wave end-fire chain-slot antenna for mobile devices[J]. IEEE Transactions on Antennas and Propagation, 2021, 69(1): 25-34.

[37] ZHU Y, DENG C. Millimeter-wave dual-polarized multibeam endfire antenna array with a small ground clearance[J]. IEEE Transactions on Antennas and Propagation, 2022, 70(1): 756-761.

[38] ZHU Y, DENG C. Wideband dual-polarized end-fire phased array antenna with small ground clearance for 5G mmwave mobile terminals[J]. IEEE Transactions on Antennas and Propagation, 2023, 73(6): 5469-5474.

[39] ZHU Y, DENG C. Single-layer dual-polarized end-fire phased array antenna for 5G mm-wave mobile terminals[J]. IEEE Antennas and Wireless Propagation Letters, 2024, 23(6): 1939-1943.

[40] ZHU Y, ZHAO Z, DENG C. Millimeter-wave dual-polarized frame-integrated patch antenna array for 5G mobile handsets[C]// 2020 IEEE 3rd International Conference on Electronic Information and Communication Technology (ICEICT). Piscatway, USA: IEEE, 2020: 613-615.

[41] ZHU Y, DENG C. Millimeter-wave dual-polarized dielectric rod antenna array with planar slot excitation for 5G mobile terminals[C]// International Conference on Microwave and Millimeter Wave Technology (ICMMT). Piscatway, USA: IEEE, 2022: 1-3.

[42] DENG C, LIU D, YEKTAKHAH B, et al. Series-fed beam-steerable millimeter-wave antenna design with wide spatial coverage for 5G mobile terminals[J]. IEEE Transactions on Antennas and Propagation, 2020, 68(5): 3366-3376.

[43] REN T, DENG C. Co-design of sub-6 GHz and mm-wave array antennas with metal frame for 5G mobile terminals[J]. Microwave and Optical Technology Letters, 2022, 64(3): 589-595.

中国电子学会简介

中国电子学会于 1962 年在北京成立，是 5A 级全国学术类社会团体。学会拥有个人会员 17.3 万余人、团体会员 1700 多个，设立专业分会 47 个、专家委员会 18 个、工作委员会 9 个，主办期刊 10 余种。国内 30 个省、自治区、直辖市、计划单列市有地方电子学会。学会总部是工业和信息化部直属事业单位，在职人员近 200 人。

中国电子学会的 47 个专业分会覆盖了半导体、计算机、通信、雷达、导航、微波、广播电视、电子测量、信号处理、电磁兼容、电子元件、电子材料等电子信息科学技术的所有领域。

中国电子学会的主要工作是开展国内外学术、技术交流；开展继续教育和技术培训；普及电子信息科学技术知识，推广电子信息技术应用；编辑出版电子信息科技书刊；开展决策、技术咨询，举办科技展览；组织研究、制定、应用和推广电子信息技术标准；接受委托评审电子信息专业人才、技术人员技术资格，鉴定和评估电子信息科技成果；发现、培养和举荐人才，奖励优秀电子信息科技工作者。

中国电子学会是国际信息处理联合会（IFIP）、国际无线电科学联盟（URSI）、国际污染控制学会联盟（ICCCS）的成员单位，发起成立了亚洲智能机器人联盟、中德智能制造联盟。世界工程组织联合会（WFEO）创新专委会秘书处、中国科协联合国咨商信息与通信技术专业委员会秘书处、世界机器人大会秘书处均设在中国电子学会。中国电子学会与电气电子工程师学会（IEEE）、英国工程技术学会（IET）、日本应用物理学会（JSAP）等建立了会籍关系。

关注中国电子学会微信公众号

加入中国电子学会